JN117814

数 学 者 訪 問

輝数遇数

PART II

［写真］
河野裕昭
［文］
内村直之・亀井哲治郎・里田明美・
冨永 星・長谷川聖治・吉田宇一

現代数学社

まえがき

　本書は，2年前に刊行された『輝数遇数 ── 数学者訪問』Part I に続いて，『現代数学』の連載記事の第23回（2017年3月号）から第45回（2019年3月号）をまとめたものである.

　JIR をきっかけとして生まれたこの連載がどのような趣旨のものかは Part I で説明されているが，これらの記事は結果として，当時の数学者たちの群像を紹介する記事になっている. と書いたところで，ん？と思って手が止まる.「数学者」……で大丈夫かな…….数学者が「数学を研究する人」だとして，その数学のイメージは，うっかりすると高校までの「数学」だったりする. ということは，生物学や社会学といったものとは無縁の，強いていえば物理学で使われるような数字と文字と式に彩られた学問，そしてそれを研究しているのは，象牙の塔にこもっている. どちらかというと暗めの人々…….そのような数学者のイメージがいかに的外れかは，本書からも読み取っていただけると思うのだが，それにしても，この人たちはいったい何をやっているのだろう.

　試しに『日本国語大辞典』で「数学」を引いてみると，

　　数学……主として，数量および空間の性質について研究する学問. 算術・代数学，幾何学，解析学，ならびにそれらの応用の総称.

とあり，どうやら明治時代に Mathematics という英語の訳語として確立されたらしい. そこで『オクスフォード英語辞典』を引いてみると，Mathematics という単語は元来幾何学，算術，物理学の一部などの幾何学的推論を含むものの総称だったの

が，近代数学として，空間や数の関係の基本的な概念に含まれる結論を演繹的に調べる抽象科学という意味（そこには幾何学，数論，代数が含まれる）と，より広くそのような抽象科学の応用を具体的なデータに応用する物理学を初めとする科学の意味の両方で使われるようになったという.

　勘定や測定から始まった数学が，そこに現れる数や量や関係などの概念の世界を探るなかで，対象をさらに厳密に捉えよう，基礎を固めようとして，どんどん抽象性を増していく．その一方で，さまざまな概念を生み出すことによって，勘定や測定などの静的な対象から，変化する対象，さらには不確かな対象，無限というふうに対象を拡大してゆき，より多くの現実とつながれるようになる．数学には，現実との接点から抽出した概念が形成する世界をとことん調べる側面と，その概念を使って現実を解き明かす側面があって，それらがともに Mathematics という言葉に含まれているのだ.

　そのためイギリスあたりでは「数学の研究所」に"いわゆる数学者"以外のさまざまな人が集っているし，アメリカには「数学や経済学や物理学が交差する複雑系のための研究所」がある．そして日本でも，以前は「数学」というと「抽象性に特化した象牙の塔のなかの出来事」というイメージが強かったが，近年では，数学と他の理論分野とのハイブリッドを狙ったプロジェクトが走り，抽象性に特化しながらも他分野の人々との協働などを通して現実との接点を探る努力がなされ，「数学科」をあえて「数理科学科」とする例がある．数学とは相性が悪いとされてきた生物学や医学の世界でさえ，数学との協働が模索されており，その一方で数学をより身近なものにするための試みが行われているのだ．本書に登場する人々も，このような現状を反映して，じつに幅広いスペクトラムで活動している.

「数学者」を「数学せずにはいられない人」，あるいは「数理のめがねで世界を見る人」と捉えるなら，本書はやはり数学者の群像である．むろん数学者を網羅，代表するものではなく，あくまでも数名の担当者がご縁を得て目にすることができた数学者共同体の断片でしかない．だがそれでも，数学者の共同体の多様さは十分伝わるはずだ．多様性といっても，たとえば男女比がひどく偏っている，という声が出るのはもっともな話で，この点は今後の課題といえよう．だが女性が少ないという事実も含めて，ある時期の数学者共同体の現実を記録に残すことには大きな意義がある，と信じたい．なぜなら，記録は時代や場所を超えられるからだ．数学者の業績そのものは消化され，蓄積され，数学者共同体の大きな共有財産の一部として常識になる．だから数学の内容そのものを知るには，古い文献を見るよりも最新の文献に当たった方がよかったりする．しかしその業績を生みだした数学者の有り様や彼らの目に映っていた数学の姿は，業績自体が常識となった後も，歴史として，ロールモデルとしての価値を保ち続ける．このような記録が持つ意味は，そこにある．

　というような面倒な話はさておき，大好きなことを貫いてきたじつに多様な人々の楽しそうな様子が少しでも伝わったなら，これらの記事にかかわった一人としてこれに勝る喜びはない．

文章を担当した一人として　冨永　星

目次

まえがき ………………………………………………………………………… i

金子昌信	文＝里田明美	001
小嶋　泉	文＝冨永 星	009
千葉逸人	文＝内村直之	017
重川一郎	文＝亀井哲治郎	025
木村芳文	文＝吉田宇一	033
砂田利一	文＝冨永 星	041
佐々田槙子	文＝里田明美	049
平岡裕章	文＝内村直之	057
加藤文元	文＝亀井哲治郎	065
俣野　博	文＝冨永 星	073
小林　亮	文＝里田明美	081
雪江明彦	文＝内村直之	089

西郷甲矢人	文＝亀井哲治郎	097
ジャック・ガリグ	文＝吉田宇一	105
西浦廉政	文＝冨永 星	113
中島さち子	文＝里田明美	121
正宗 淳	文＝内村直之	129
伊藤哲史	文＝亀井哲治郎	137
舟木直久	文＝吉田宇一	145
若山正人	文＝冨永 星	153
三松佳彦	文＝亀井哲治郎	161
大島利雄	文＝内村直之	169
芳沢光雄	文＝長谷川聖治	177

あとがき……………………………………………………… 186
著者紹介……………………………………………………… 189

$$\sum_{0 < n_1 \leq n_2 \atop n > 0} \frac{1}{n_1 \, n_2^3} = \zeta(3,1) = \zeta(1,3) +$$

$$\overline{n_2} = \sum_{0 < n_1 \leq n_2} \frac{1}{n_1^2 n_2^2}$$

$$\sum_{n_1 = n_2} \frac{1}{n^4} = \zeta(2,2)$$

$$\zeta(4)$$

$$+ \mathbb{I}(\,\underset{}{\overset{}{\bullet}}\,$$

$$+ \zeta(2,$$

$$+ 4 \zeta(1,3)$$

金 子 昌 信

文 = 里田明美

「j 関数と多重ゼータ値を宣伝したくて，こんな名刺を作ってみました」．
表には，モジュラー関数の基本となる j 関数のフーリエ展開，裏には多重ゼータ値の定義式が印刷されている．
「私は j 関数 LOVE ですが，実は多重ゼータ値の論文の方が多いのです」．
穏やかでちょっとおちゃめ．それでいてダンディな数学者の素顔とは……．

　昔から数の列を見ると，わくわくすると同時に，その数字の規則性やパターンを知りたいと思ってきた．「数字や数式から新しいパターンを見つけ，数の不思議の発展形を追求したい」．素数に限らず，とにかく数の性質が知りたいのだ．

　6, 28, 496, 8128……と続く完全数．その先もずっと偶数が続くが，完全数は無限にあるかどうか分かっていない．完全数にいつか奇数が現れることはあるのか……．質問の意味は，素朴でシンプル．でも答えは分からない．そういった数の不思議に魅せられた．

　整数論の要となるゼータ関数では，整数の 2 乗分の 1 を足し続ける $\zeta(2) = 1 + \dfrac{1}{2^2} + \dfrac{1}{3^2} + \cdots = \dfrac{\pi^2}{6}$，同様に 4 乗分の 1 だと $\dfrac{\pi^4}{90}$，6 乗分の 1 では $\dfrac{\pi^6}{945}$ となる．正の有理数を無限に足し続けているのにもかかわらず，π が絡んでくるのが不思議だ．

　逆に $\zeta(-1), \zeta(-2), \zeta(-3)$……では，$-\dfrac{1}{12}$, 0, $\dfrac{1}{120}$ となる．こちらは正の整数を無限に足し続けているのに，マイナスの値や 0 が出てくる．高校までの数学の知識で考えると，キツネに

つままれたような話．でも数学的に証明されている真実なのだ．

　この$\zeta(-1),\zeta(-2),\zeta(-3)$……の値を並べたとき，その現れ方と非常に近いものが，ベルヌーイ数である．これのある一般化を自身が新たに定義した．それが多重ゼータ値と同じくらい愛してやまない「多重ベルヌーイ数」である．

　「ゼータ関数の普通に考えれば発散するものを，解釈を変えて有限の値を取り出したらそれがベルヌーイ数だった．じつに奥が深いのです」

荒川恒男，ドン・ザギエとの出会い

　ドイツ，マックス・プランク研究所に在籍していた93年，仏ボルドーの研究会で多重ベルヌーイ数の講演をしたとき，たいへん興味を持ってくれた日本人がいた．当時立教大教授だった荒川恒男さんだ．その後，手紙をもらったり，帰国後に発見を手紙に綴ったりして，やり取りが始まった．2人の名前を冠した「荒川・金子ゼータ」は，多重ベルヌーイ数と，多重ゼータ値との懸け橋となるような関数を見つけ，関連性を裏付けたものだ．

　「すでに知られていた多重ゼータ値の公式と，私が見つけた多

重ベルヌーイ数の公式が妙に似ていた．それを結び付けられる関数を荒川さんが見つけたのです」

多重ゼータ値はいろんな分野に出てくる実数で，素粒子の相互作用や結び目理論など物理の世界にも関係がある．1742年にゴルドバッハが見つけ，オイラーも研究している．始まりは古いが，1990年代にホフマンやドン・ザギエによってさらに発展した．「多重ベルヌーイ数が出てくるゼータ関数があったらいいな」と思って研究していたので，発見時はたいへん興奮したという．

その多重ゼータ値研究の権威でもあるザギエとは，論文の共著が多い．出会いは90年8月だった．京都であった国際数学者会議で，会場内を足早に歩きまわるザギエをつかまえて質問した．親切に答えてもらったが，その頭の中から繰り出される

数字の知識に圧倒されたという．その年の秋から半年間，ザギエが九大の教員として滞在．集中講義の講義録を書いたのがきっかけで，ドイツのマックス・プランク研究所で共同研究をすることになった．帰国後もメールでやり取りを続け，たまに会ったときにはアイデアを出し合う．

「数学の研究方法は人それぞれ．でも私はザギエのスタイルにシンパシーを感じる．抽象的な理論よりも，非常に具体的な計算を重ねて秩序や法則，現象を発見していく」．自身は，いろんな定理を証明するのは苦手だが，新しいパターンを見つけたり，予想を立てたりするのが得意だという．二人の共著論文は引用回数も多い．

実はその尊敬する天才数学者に，心の中でちょっぴり優越感

を感じた瞬間が2回ある.あるとき,準モジュラー形式に関する計算で,ザギエは計算ミスをして解けなかった.「アトキンの直交多項式」に関する問題では,得意のパターンを見つける手法で,ザギエよりもひと足早く答えを導いた.「正しい形を見つける試みは私もやった.でもできなかった」と悔しがらせた.

幼いころは天文少年だった

振り返れば,数学に進むきっかけを作ってくれた出来事はいくつかあった.

小学6年のとき,天体望遠鏡を買ってもらい,宇宙に思いをはせた.中学生では『日経サイエンス』や講談社のブルーバックスを読み,天体力学,軌道計算にも興味を持った.「天文学を知るには数学が必要」と思い,高校数学の教科書を近所のお姉さんに借りて読んだ.産休の数学教師の代わりに来た大阪工業大の大学院生には微分も教えてもらった.

高校時代に受けたZ会の通信添削では,添削者が,答案の行間から数学者を目指す気持ちを読み取ったのだろう,わざわざはがきを書いて送ってくれた.そこにはこう書かれていたという.

「東大に飯高茂という親切な男がいるので,訪ねるとよい.(中略)それにしても谷山先生のことを思うと,涙が出る」.初めて

知った谷山豊という数学者の名前．大学に入り，本郷の古本屋で『谷山豊全集』を手に入れ，読み進めた．1部は論文，2部はアンドレ・ヴェイユの印象などの文章．3部は手紙と遺書といった構成の本だ．

明るい未来が開けていたと誰もが思えたその矢先の谷山の悲しい最期に，驚きと衝撃が入り混じっ

た．と同時に「志村・谷山の虚数乗法論」や「志村・谷山予想」というフェルマーの最終定理につながる華々しい仕事をして，一生を閉じる生き方に，うらやましさも覚えたという．

山登りと数学と……

高校時代から続く趣味は，登山だ．ここ最近は登っていないが，昔は，何十キロもある荷物を背負って，何日もかけて頂上を目指した．登山と数学には共通点と異なる点があるという．

「山は登れば登るほど，歩んできた道が，よく見える．ここがてっぺんかと思ったら，まだ上がある」．何か一つを証明したら，それはとっかかりにすぎず，さらに奥が深い世界が待ち構える数学につながる思いだ．「でも山は確実に歩みを進めれば，頂上にたどり着く．数学はその頂上が必ずしもあるとは限らない」

大好きな南アルプスの千枚岳から荒川岳に登ったとき，不思議な体験をした．歩き通しで，疲れもピークに達し，寝ながら

歩く経験もした．そして遠くにきれいな山が見えるなあと感じた瞬間，突然，富士山が近くに現れた．「富士山って上に登れば登るほど，大きく見える」．ここも難問の答えに近づく瞬間の感覚に似ているのかもしれない．

いま急いで仕上げなければならないと思っている仕事がある．多重ゼータ値の分野でザギエと取り組み，3年前に「大発見」を確信した予想の論文執筆だ．論文の材料はだいたい揃っているが，執筆は途中段階．しかしこの予想が，すでに何人もの論文で引用され始めた．

ざっくり言うと，実数の多重ゼータ値の世界と標数 p の世界での類似物を，全素数について考えた世界に，全く同じパターンを見つけたのだ．「手法も計算方法も違うのに同じものが出てくる．全く違う世界なのに，パラレルに対応している．本当に驚きだった」．予想の確かさを裏付ける結果の数々を，なるべく早く論文にしなければと思っている．

数学は解釈を変え，一見，無茶をやっているような場合でも，それが新たな数学につながる．「気付いていない不思議がきっとまだまだある．これからももっと新しいことを見つけたい」．拡がりと深みを増す数学の世界．興味と面白さは尽きることがない．

「現代数学」2017 年 3 月号収録

金子昌信 (かねこ・まさのぶ)

1960 年，福岡県北九州市生まれ．幼稚園から関西に移った．83 年東京大理学部数学科卒業．88 年同大大学院理学研究科博士課程修了．理学博士．大阪大助手，京都工芸繊維大助教授などを経て 2002 年から九州大教授．17 年日本数学会代数学賞．

小 嶋　　泉

文＝冨永 星

> 「ぼくのこれまでの人生は，自分のなかにある相反する
> ものをたえず両方見つめ続けることに費やされてきた
> と思う」
> 鋭くも繊細な感性とすさまじいまでの馬力と粘り．生
> の自然と数学．とうてい結びつけられそうにないもの
> を，それぞれにとことん突き詰め，往復運動を続けな
> がら，根本的なつながりを探っていく．
> 小嶋はそうやって数理物理学の道を歩んできた．

　圏論は，異なる数学的体系同士の関係を精細かつ自然に理解
するために20世紀半ばから発展した理論で，関手や自然変換と
いった概念を用いた抽象的な思考が特徴である．集合論は要素
そのものに焦点を当てるが，圏論は要素間の関係に焦点を当て
て，関連するさまざまな類の数学的構造を比較し関係づけ，そ
の相互関係の理解を目指す．

　小嶋が，自然を理解するという行為を突き詰めた末にたどり
着いたのは，このきわめて抽象的な理論を用いて表現されたあ
る概念だった．

自然への想い，家族への想い

　小嶋泉の父は住職の家に生まれ，哲学的思索を重んじていた
というから，小嶋自身が「いかに生きてゆくべきか」を大切にし
てきたのも当然のことなのだろう．小学校時代に蝶の採集に誘
われたことがきっかけで「自然」に親しむようになった小嶋は，
しかし環境破壊によって失われていく自然を嘆くことの多い蝶
探しからは次第に遠ざかり，自然現象を説明する物理や数学の
力に強く惹かれていった．

京都大学数理解析研・小嶋ゼミで（2013,11）

　ところが，高校2年のときに姉が病因不明のまま急逝．両親の深い嘆きを目の当たりにした小嶋は，自分の関心の赴く先（理学）と自分がなすべきこと（姉の死を理解するための医学）を前に，進路で悩む．いずれへの想いも断ちがたく，東大理一と京大医学部に出願したものの，住み慣れた土地を離れるという環境の激変に耐えるだけの余力は残っておらず，京大を受験して進学するしかなかった．

　ひょっとすると基礎医学にも，物理や数学を生かす道があるのでは？　小嶋は京大医学部に在籍しながら，理工学部向けの授業にせっせと出席し，ストライキで授業がないときには数学を自学し続けた．しかし専門課程に進み，暗記が大きな比重を占める膨大な医学部カリキュラムに直面すると，進路への悩みはさらに深まった．さんざん思い迷った小嶋は，けっきょく大脳生理学の佐々木和夫教授の「その気になれば，医学部に居たって物理・数学の勉強はできますよ」という経験者としての助言に従うことを決める．こうして，午前は理学部の講義，午

後は医学部の実習，その後に午前中の医学部の講義ノートをつくり，残った時間で物理や数学の勉強をする日々が始まった．医学部 5，6 回生では，臨床実習に追われながらも，6 回生で東北大と京大の理学部の院入試を受け，無事に合格．

　小嶋は 1995 年の「数学セミナー」4 月号で，この当時の二重生活について，「遠山啓のいう『液体になる瞬間』を私のような鈍才が味わう機会を持ち得たのは，ひとえにこの選択のおかげであった：いわく『昆虫が変態するときには全組織がいちど液体のようになる瞬間があるそうだが，人間の成長の過程にもそういう瞬間があるのではなかろうか．』（遠山啓「液体になる瞬間」，學生社『数学のきずな』より）．そこからさきは，もう『才能』とか『自信』のあるなしというような問題はどうでもよかった」と述べている．

　自然を深く理解したいと考えた小嶋は，ひとまず数学の魅力には目をつむり，素粒子の田中正研究室に入った．色閉じ込めを説明する格子上のゲージ理論の論文を無事まとめはしたものの，素粒子プロパーの論文にはどうしてもなじめない．結論であるはずのものが仮定される乱暴な議論にとうとう音を上げた小嶋は，博士課程進学時に，素粒子理論研究という物理の最先端，いわば波頭から降りて，その波を引き起こしている基礎を厳密に理解すべく，数理解析研究所の数理物理学者，荒木不二洋の許に向かった．

深く自然な自然理解とは

　数理物理学とは，物理的現象（自然）を純粋数学の厳密な式と方法に従って深く理解することを目指す数学の一分野である．数学者はよく，「物理の人たちのやっていることはまるで筋が通

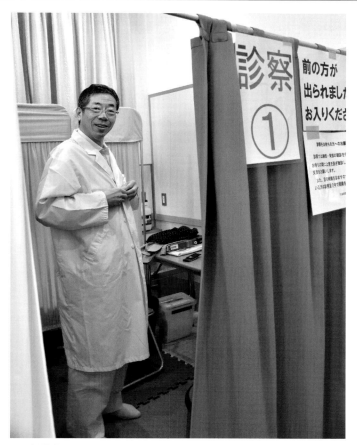
繁忙期には月に 5 〜 6 回，医師に変身して地域医療にも係わる

らない」という．自然現象の観測で得られた結果をつじつまが
合う形で説明できればそれでよしとされていて，実はそこにも
ここにも矛盾が転がっているのに知らん顔ではないか！　小嶋
自身は，（観測可能な）マクロな世界（＝古典）と（マクロの現象
の元になる観測可能でない）ミクロの世界（＝量子）が別々に説
明できて，この二つが対応していればそれで十分，という姿勢
に納得できず，ヒルベルト空間ありきで話を始めてみたらうま

く説明できたのだから，終わりよければすべてよし，といわんばかりの天下り式の素粒子論にも疑問を抱いていた．

　数理研では，量子場理論の代数化を進めていた荒木のセミナーで Doplicher-Haag-Roberts（DHR）のセクター理論の論文レポートを通じて代数的量子場理論の理解を深め，物理学の中西襄に漸近場に関する研究指導を仰ぎ，九後汰一郎と非可換ゲージ理論のユニタリー性の問題について論じるという充実した日々を送った．そして九後－小嶋の共著論文によって，九後とともに物理学の「仁科記念賞」を受賞．さらにプリンストン高等研究所では，量子場理論に統計力学を持ち込んだカナダ・アルバータ大学の梅沢博臣，高橋康の仕事に触発されて，そこに潜む代数を探った．そうやって，「『自然』を自然に，深く正しく理解するには何をどうすればよいのか」という問題に迫ろうとしたのだ．

　科学は客観そのものという顔をしているが，実は議論を進める都合上さまざまな近似を行う．だからこそ「すっきりした理論」ができるのだが，それでほんとうに自然を理解したといえるのか．科学という営みを，「人間」という「自然」の部分系が「自然」と対話する営みと捉えたとき，どのような対話が可能であり正しいといえるのか．自然現象からエッセンスを抽出する（特殊から一般への）帰納法と，前提から展開して結論にいたる（一般から特殊への）演繹法の関係をどう捉えるべきなのか．小嶋はこれらの疑問と向き合いつつ，納得いく素粒子の描像を追い求めていった．

　自然と数学は一見遠く見えるが，自然への理解が適切であることを保証するには数学が欠かせない．なぜなら数学の持つ厳密性と論理が，科学の理と限界を浮かびあがらせるからだ．

　こうして小嶋は圏論という数学言語で表現された「ミクロ・

マクロ双対性」という概念にたどり着く.

圏論が照らし出す自然理解

　圏論には抽象の極というイメージがつきものだが，小嶋は今も自動車会社のエンジニアや大津元一東大工学部名誉教授などと複数の共同研究を続けている．大津は，自分が発見したドレスト光子という不思議なフォトン現象が，小嶋の概念を使えばうまく説明できそうだと感じている.

　謎の現象を前に，どこがどう謎なのかを腑分けし，どの説明が適切かを考える．ちょうど天動説と地動説のように，一つの自然現象にも多様な説明の仕方があるが，適切でない説明は早晩矛盾を来して行き詰まる．その説明が適切か否かを判定する参照枠が，ミクロ・マクロ双対性を象徴する「4項図式」なのだ．この図式は，現象に当てはめるべき人工物ではなく，現象

この4月に発足の社団法人・ドレスト光子研究拠点の中心メンバーでもある

の解釈が適切であるときに自ずと現れる「自然を自然に見るための指針」だという.

　小嶋がこの概念を発表したとき, 荒木は「それはゲージ理論に使えるのか. 重力理論にも使えるのか」と興奮を隠さず, 「ふーん, 君のアプローチはいいかもしれんな」といったという. 70 年代の出会いから 2002 年まで, 実に 30 年近くも自分と肌合いの異なる研究を進める弟子を見守り続けた荒木も立派なら, 師の全面的な理解を得ているとはいいがたい状況で, なおも自分の描像を追い続けた小嶋も見事というほかない.

　2015 年春に数理解析研究所を定年退職した小嶋の現在の生活は, 国内外での研究集会における発表, 西郷甲矢人や岡村和弥などの若手研究者とのディスカッション, 工学系の人々との複数の共同研究, そしてもう一つの顔である医師としての医業関連の活動を軸に回っている.

　かつて, 蝶の標本作りではなく飛んでいる蝶の観察にこそ喜びがあると悟った少年は, 還暦をとうに過ぎた今も,「自然」を乱暴に刈り込んだり近似したりせず, そっとそのままの形で深く理解することの意味と方法を考え続けている.

「現代数学」2017 年 4 月号収録

小嶋　泉 (おじま・いずみ)

1949 年, 滋賀県愛知郡愛知川町に生まれる. 1975 年に京都大学医学部卒業と同時に京都大学大学院理学研究科物理学第二専攻修士課程に進学. 77 年に大学院（数理解析専攻）博士後期課程へ進み 80 年に博士号取得. 同年秋よりプリンストン高等研究所に滞在, アインシュタイン記念研究員に選ばれる. 同年 12 月に第 26 回仁科記念賞受賞. 81 年より京都大学数理解析研究所に在籍. フランスの CNRS やドイツのマックス・プランク研究所でも研究員として研究を行う. 2015 年 3 月に数理解析研究所を定年退職. 専攻は, 理論物理学・数理物理学. ドレスト光子研究拠点 顧問.

千 葉 逸 人

文＝内村直之

ものごとが動くときに，その背後には微分方程式がある．
方程式の解の挙動がどうなっていくのか，追いかけていくのは力学系の研究だ．
千葉逸人は，斬新な発想と鍛えた計算力で鋭くその世界に切り込んでいく．
長く未解決であった蔵本予想の解明に至る道をじっくり聞いた．

Strike while the iron is hot.

ことわざに曰く「鉄は熱いうちに打て」．千葉逸人の数学はこのことばをなぞってきた．

高校を卒業し，一年浪人したあと，千葉は京都大学工学部物理工学科に入学した．高校時代から航空宇宙工学にあこがれ，そのコースがある学科を選んだ．

一回生の心を摑んだのは，数学だった．当時は，一回生でも

上級の講義をとるという「背伸び」ができた時代だった．千葉に影響を与えた2つの講義は，谷村省吾（現・名古屋大学大学院情報科学研究科教授）の「特殊関数論」と野木達夫（現・京都大学名誉教授）の「複素関数論・フーリエ解析」という．前者はガロア理論とトポロジー入門という数学的内容であり，後者はたとえば熱拡散方程式をフーリエ級数で鮮やかに解いてみせるという内容だった．純粋数学を味わいながらも，具体的問題を計算でがんがん解くのが当時の千葉の好みに合った．

学部生の書いた数学教科書出現！

　もちろん，独学もあっただろう．千葉は消化した数学をPDFファイルにまとめて自分のホームページにせっせとアップした．行列，ベクトル解析からラプラス変換まで，工学部生が学ぶ数学の項目と重なるが，つまずきやすいところやあいまいなところは数学的厳密性も考えながら自分が納得できるまで詳しく書いていった．

　1年ほどたったころ，プレアデス出版から「このホームページ

の内容を書籍化するのはどう？」というメールを受け取った．2002年夏から，友人の協力を受けながら本づくりを開始，翌年7月，『これならわかる　工学部で学ぶ数学』という400ページ弱の教科書を出版できた．「著者は学部三回生」とは周りを驚かせたはずだ．千葉は「内容をわかりやすく再構成したり，新しい証明や例題を考えたりする必要がある．そのおかげでかなり地力がついたと思う」（京都大学工学広報No64，2015年10月）と書いている．

　こんな鍛錬は大学院情報学研究科数理工学専攻進学後も続いた．岩井敏洋（現・京都大学名誉教授）のもとで力学系理論を学び，研究し，その内容を，数学愛好者向けに『理系への数学』（この雑誌の前身だ）に「解くための微分方程式と力学系」という連載記事にした（2007年〜2008年）．全17回のうち，後半は「安定多様体と不安定多様体」「くりこみ群による（微分方程式の）近似解法」「中心多様体論」「分岐」「離散力学系」などを扱っているが，これらはその

後の千葉の研究に密接に関連している．

　2016 年 9 月，千葉は Twitter で「1 回生のときから真面目に勉強していれば，D1 くらいでオリジナルの論文を書ける．世界で誰も知らない自分だけの結果を出せるまでたった 7 年！ 学部生の皆！ ほんと，努力すれば何にでもなれるんだよ〜．ビール飲むのは後からでもできる」とつぶやいた．まさに千葉自身の来た道なのだろう（千葉とビールについてはあとで触れる）．

　2009 年 3 月，博士課程も標準より 1 年早く終えた．そして彼は，新しい段階を迎えた．

同期現象解明のカギ，蔵本予想

　修士課程 1 年のときに受けた講義で，千葉は新しい謎を知った．「同期現象の蔵本モデル」という問題である．「これはあまりわかってないんだ」という講師の一言が胸に残った．

　蔵本モデルについて説明しておこう．九州大学にいた物理学者，蔵本由紀（現・京都大名誉教授）が，たくさんのモノが集まったときに起きる「同期現象」について提出したひとつの理論モデルである．同期現象とは，たとえば，東南アジアのホタルが何千匹もタイミングを合わせて発光する，心臓を作っている心筋細胞がそろって拍動する，あるいは吊橋を歩く大勢の人の歩調がだんだんそろって橋が大揺れする……などの現象である．ひとつひとつの「モノ」の間に弱い結合があると，次第にそれらの動きがそろってくる．なぜ，そうなるのか？

　1975 年，蔵本は小さな国際会議でこの問題について 2 ページの短い報告を発表した．そこにあった方程式

$$\frac{d\theta_i}{dt} = \omega_i + \frac{K}{N} \sum_{j=1}^{N} \sin(\theta_j - \theta_i) \quad i = 1, \cdots, N$$

が蔵本モデルである．具体的には，周期運動をする N 個の点

（その一般角が θ_i, $i = 1, \cdots, N$）が円形サーキットを同じ方向に
いろいろな速さで回っている．点同士の相互作用の強さは結合
強度 K で決まっている．蔵本は物理的な計算と直観で，K が小
さいうちには点はバラバラに回るが，ある値（K_c）を超すと各
点の動きは同期して同じ速度で安定的に回るようになるという
相転移現象を予想した．「蔵本予想」である．

　5年以上この話はほって置かれたが，80年代後半からだんだ
ん国際的に知られるようになり，非線形問題の代表として研究
人口は増えた．しかし，40年以上，蔵本予想の厳密な証明は誰
にもできなかった．

一般スペクトル理論を作って予想証明へ

　2009年，物理におけるくりこみ群のアイデアを微分方程式の
近似解を求めるのに使うというテーマで博士論文を書き終えた
千葉は，腰を据えて蔵本予想の厳密証明に取り組むことにした．

　数学的に $N \to \infty$ として連続極限にもっていくが，その場合の
難しさは，それが無限次元の力学系であり，さらに方程式の線
形部分の作用素が連続スペクトルを持つことだった．

　よく知られていることだが，線形微分方程式

$$\frac{du}{dt} = Au$$

について，A が有限次元の行列なら，その固有値が解の挙動を
決める．たとえば，A のすべての固有値の実部が負なら解は安
定だが，ひとつでも実部が正の固有値を持てば発散する解があ
ることになる．A が無限次元の作用素でも同じで，固有値の概
念を一般化してレゾルベント $(\lambda - A)^{-1}$ を導入し，この特異点の
集合をスペクトルとすれば，それが解の挙動を決める．ところ
がその手続きは，スペクトルが孤立した点ではなく連続スペク
トルだとうまくいかない．関数解析で展開されるスペクトル理

論の枠組みから作り直さねばならなかった．

　そのためには，ロシアの大数学者イズライール・ゲルファント
がシュワルツ超関数をより一般化するために導入した三つ一組の
線形位相空間（ゲルファントの三つ組，あるいはヒルベルト空間
をより一般化した艤装＝rigged＝ヒルベルト空間という）を導
入して，スペクトルの概念を一般化することが必要だった．

　この枠組みで，レゾルベントをある線形位相空間からその双
対空間への作用素として捉え直せば，連続スペクトルを越えて
解析接続可能になり，新たな特異点をもつ場合がある．千葉は
これを「一般化スペクトル」と呼び，A の固有値とは異なるが
それと近い働きをし，これまでのスペクトル理論ではわからな
かった方程式の解の挙動を教えることを突き止めた．

　一般化スペクトル理論を蔵本モデルの方程式に使うと，K が
K_c より小さいとき非同期状態だが，K_c を越えれば同期状態に
相転移することが厳密に証明できる．さらにこの理論は，量子
力学のシュレーディンガー方程式，拡散方程式など蔵本モデル
と同じように連続スペクトルが関係する方程式の解の安定性な

どを調べるのに大きな武器になることもわかってきた.

「数学のみならず，物理現象の研究，工学的応用を扱う周辺分野にも大きなインパクトがあるはず」と千葉はいい切る.

◇

千葉はネット界では「天才？」あるいは「変人？」と呼ばれ，ちょっとした有名人だ.

たとえば，千葉のビール好きは鳴り響いている．これまで 1000 以上の銘柄を飲みその感想をすべて研究ノートに残しているとか，数学の講義中にドイツにおけるビールに関する法律について解説しだすとか，「伝説」には事欠かない．研究室にもこれはというビールの瓶をずらりと並べている．東京の宿泊場所が池袋なのも，西口前に英米のビール数十銘柄を揃えるお気に入りのビア・バーがあるからだ．筆者も一度同席して，実に美味そうにビールを飲み続けるのを見た.

2016 年から始めた Twitter も，真面目なのかふざけているのかよくわからない．それが千葉の自由な精神の発露なのだろう．最近は，難題を多く抱えるパンルヴェ方程式の研究に没頭しているらしい．何が出てくるか楽しみである.

「現代数学」2017 年 4 月号収録

千葉逸人 （ちば・はやと）

東北大学 材料科学高等研究所 教授．1982 年生まれ．京都大学工学部物理工学科を卒業し，同大学院情報学研究科数理工学専攻博士課程修了．2009 年九州大学数理学研究院助教となり，2019 年から現職．藤原洋数理科学賞奨励賞（2013 年），文部科学大臣表彰 若手科学者賞（2016 年）をそれぞれ受賞．

重 川 一 郎

文＝亀井哲治郎

若き日に，マリアヴァン解析の理論を完成させること
に大きく貢献した．
「たまたま国際シンポジウムがあったこと，良い先生に
めぐりあえたことなど，いくつかの好運が作用してき
ただけで，とても自分の実力で切り拓いてきたわけで
はありません」
語られる言葉は謙虚だ．その歩みを辿ってみよう．

京都大学理学部に入学することになったとき，高校の担任の
先生から「京大ならば，絶対物理をやるべきだ」と強く勧められ
た．物理以外だと許してもらえないような雰囲気だった．

先生は物理が専門だったが，それよりもむしろ，ノーベル賞
の湯川秀樹・朝永振一郎といった京大物理教室の伝統こそが理
由だったのだろう．

楯突くことが苦手だったので，「では物理をやります」と素直
に応えた．

愛媛県立松山東高校から笈を負って上洛，学問の道を歩み始
めることとなる．

数学の道へ

京大理学部では，何をどのようにまなんでいくか，基本的に
学生の自主性に任されている．まなびたいものを自由に選ぶこ
とができる．学生ひとりひとりの責任は重いが，その自主性の
尊重・自由さこそが京大の魅力でもあった．

担任の先生に「物理をやります」と応えたものの，物理をまな

ぶには数学が必要だ．それならば数学をしっかり勉強しておこ
うと考えた．もともと数学が性に合っていて好きだったことも
あったのだろう，やっているうちに次第に数学の面白さに引き
込まれた．そして結局，物理を止めて数学に絞ることとなる．

　性に合う合わないについて，重川さんはこう話す．「物理は論
理が跳ぶのです．大胆というか，感覚的なところがある．そう
いう意味での面白さはあると思う．でも私にはすっきりしない．
数学は理詰めで，ここまでは正しい，ここまでは正しい，ここ
までは正しい……と，一歩一歩，納得しながら考えることがで
きる．自分の感性に合っていると思いました」

　3回生になって数理科学系に進み，さまざまな数学をまなん
だが，解析関係とくに関数解析が面白く，いずれこれを使って
何かをする学問をやってみたいという想いを抱いたという．

　一方で，伊藤清著『確率論』（岩波書店）を自学自習し，確率
論の面白さを意識するようになる．たとえば微分方程式のよう
に，ある初期条件が決まるとそのあとがすべて決まってしまう

ような，いわば決定論的な数学に比べて，確率はランダムで決定論的ではない，しかしそれを数学として扱うばあいには，論理的に厳密にやっていけるのだ．そこが面白い．

そこで，4回生の講究では確率論を選び，宮本宗実先生の指導を受けた．そして大学院に進学，やはり確率論の渡辺信三先生のもとでまなぶこととなった．

マリアヴァン解析と出会う

修士課程1年のとき（1976年），確率微分方程式に関する国際シンポジウムが京大数理解析研究所で開催された．重川さんも出席していくつもの講演を聴き，内外の名だたる研究者たちが議論したり交流したりする姿を目の当たりにした．しかし，まだそこで話されていることがスラスラと理解できたわけではなかった．

「何かすごい世界があるんだなぁ．こんな世界で，はたして自分がやっていくことができるのだろうか」

遠い風景を眺めているような感覚だったという．

しかし，好運が思いがけなく訪れる．それはシンポジウムの報告集（Proceedings）のためにポール・マリアヴァンが書いた論文のプレプリントとの出会いである．"Stochastic calculus of variation and hypo-elliptic operators" と題するもので，のちに「マリアヴァン解析」として大きく発展していく，その嚆矢となった論文だ．そのアイディアの一端は，先の国際シンポジウムの講演で話されたらしい．しかし報告集の論文としてまとめられて初めて明確な形で世に出たことになる．

それは「オルンシュタイン - ウーレンベック作用素に基づくウィーナー空間上の解析」の提案だった．マリアヴァンによるこの画期的な発想について，重川さんの文章（『確率解析』（岩波書店）の「まえがき」）から要約してみよう．──

研究対象はウィーナー空間という無限次元空間の汎関数だ．その関数に対して解析を行いたい．すなわち有限次元と同じように自由に微分積分を実行したいと考える．積分については測度論という有効な手段がある．しかし微分の理論はまだそれほど発展していなかった．そこにマリアヴァンが突破口を拓いたのである．

「彼はヘルマンダー型の準楕円性の問題に確率論的なアプローチを与えるために，ウィーナー空間上のある calculus を提唱した．それはまさしくウィーナー空間上での微分理論の展開であった．彼の理論は偏微分方程式の準楕円性の問題にとどまらず，様々な分野に応用の道を拓いていった」（同書，原文では人名は欧文）

渡辺先生からその論文を渡されたとき，「これは今までにない

新しいアイディアで，とても面白そうだけれども，わかりにくいところがある．もう少しわかりやすくできないだろうか」と問題提起された．

　読んでみると，マリアヴァンの論文はたしかにわかりにくい．細部が十分に，100パーセント論理的に詰められているわけではない．しかしアイディアはある．だから，そこを詰めてきちんとした形に整えていく，そのような作業をすることが，重川さんのまず取り組むべきテーマとなり，修士論文もその一環でまとめた．そしてその後，研究者として歩んでいく道筋の礎ともなったのである．

　マリアヴァン解析はその黎明期から世界的な広がりで注目を集め，日本でも池田信行・渡辺信三両先生をリーダーに，盛んに研究が行われるようになった．とくに親日家のマリアヴァンが何度も日本を訪れ，研究者たちに刺激を与えてくれたことも大きかった．

　そのような動きのなかで，重川さんもまた，池田，渡辺，楠岡成雄といった人たちとともに，その基礎理論の完成に多大な貢献をしたのである．

そのような仕事をしていくとき，渡辺先生がすぐそばにおられて，研究に対する姿勢をまなび，思いがけない発想に刺激と影響を受けたことが大きかったという．「とても好運な環境にいたのです」と重川さんは述懐する．

なお，理論のより詳しい内容は，重川一郎著『確率解析』をごらんいただきたい．とくに「まえがき」と「理論の概要と展望」が興味深い読み物である．

その後は自然な流れで……

数学者には，たとえば何か結果がまとまって一段落したからと，あるいはいま話題になっているテーマだからと，それまで

趣味は自転車．通勤も自転車が基本だ．月1回，数学者仲間とサイクリングを楽しむ．また年に一度，同僚の数学者や事務の人たち総勢20人ほどで，琵琶湖一周やしまなみ海道などに出掛ける．

と全く異なった研究を新しく始める人もある．一方で，長い間やってきたことが，ごく自然に，地続きで，少しずつ広がっていく，という感じで歩み続ける人もある．重川さんはまさに後者である．

マリアヴァン解析の基礎理論の完成に取り組んだあと，どのようなテーマを研究されたのか尋ねたところ，主なものとして以下のようなものが挙がった．

「幾何学的な指数定理に関すること」「無限次元でのホッジ - 小平セオリーの話」「有限次元でのソボレフ不等式に対する無限次元での対数ソボレフ不等式の話」など．

そして現在は，1次元の拡散過程の研究にかかわって，固有値に興味をもっているという．

「かつては無限次元をやっていて，指数定理は有限次元の多様体での話，そしていまは1次元．次元がどんどん減ってしまいました」

そういって微笑んだ．

「**現代数学**」**2017 年 6 月号収録**

重川一郎（しげかわ・いちろう）

1953 年愛媛県伊予郡松前町生まれ．1976 年京都大学理学部を卒業．78 年同大学院理学研究科修士課程を修了．79 年大阪大学理学部の助手となる．その後，講師・助教授を経て，89 年京都大学理学部助教授，2000 年教授となり 2019 年定年退職．京都大学名誉教授．19 年より京都産業大学理学部教授．理学博士．専門は確率解析，マリアヴァン解析，拡散過程．

木 村 芳 文

文＝吉田宇一

乱流は，数学と物理の間をつなぐきわめて魅力的な問題だ．場の理論に対する新たな見方や，ランダムネスや非線形という概念の本質的な再定義を迫るかもしれない．

　流体力学の大家である今井功先生から，筆者はこんな話をうかがったことがある．ナヴィエ - ストークス（NS）方程式は乱流の方程式といわれる．ただし乱流現象が方程式に従っているわけではない．あくまでも乱流の物理モデルを数式モデルに置き換えたのが NS 方程式であって，ときには物理モデルそのものを見直すことも必要だ．

　これを承けて，木村芳文さんは，こう続ける．NS 方程式は，場の理論の典型的な方程式．場の理論はいくつかの分野で成功を収め，それがゆえにその特殊な対称性を使った可解性のみに注目がいきがちだ．だが NS 方程式は，2 次の非線形性と高次の複雑さのためにいまだ解析的には解けないし，そのような対称性も見いだせていない．しかし注目してほしいのは，NS 方程式が運動量保存則を記述する方程式だということ．そこにはまだ数学モデル化できていない物理情報や幾何学的情報が詰まっているはずだ．場の理論の新たな視点を提供するにちがいない，と．

　場の理論というとまずは電磁場を思い出す人がいるかもしれ

ない．じつは，流体をそれを構成する粒子の集団とみなし粒子の軌跡を総合して流体運動を記述するラグランジュ的な方法に対し，流体を4次元空間の一体の運動とみなし，ある点の速度場の時間変化を記述するオイラー的な方法は「場の理論」の原型といわれる．そしてオイラーは物理量の保存に注目し流体を記述する基礎方程式を見出した．それに粘性な

どを含めた拡張版系が上記の NS 方程式である．

　ここで木村さんの足跡をたどってみよう．

流体の研究に出会うまで

　1976 年に県立千葉高校から東京大学に入学．理学部物理学科に進んだあと，冒頭に紹介した今井功先生の直系の弟子である橋本英典先生に憧れ，その門をたたいた．橋本先生は，流体力学の古典中の古典である H. ラム『流体力学』（東京図書，原

　書 Hydrodynamics の初版はなんと 1879 年である）を今井先生
と共訳されている．

　木村さんによると，花形の素粒子論や物性理論よりも，地味
かもしれないがコツコツと時間をかけて納得できるような分野
のほうが自分には向いていると思っていたという．数学は憧れ
だったが，具体的な現象が見えてこないような気がして数学科
に進むことは考えなかった．

　当時は学部を卒業したら大学院に進学するのは当たり前だっ
た．ただ博士号を取得してもなかなか就職先がなく，いわゆる
オーバー・ドクター問題が深刻な時代で，多くの先輩が活路を
海外に求めていた．木村さんも学位取得後は海外に行くつもり

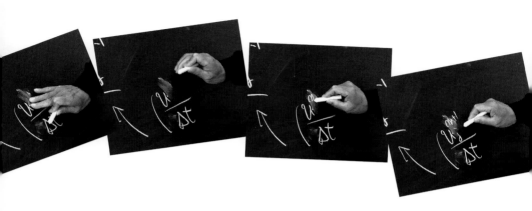

でいた．ところが思いがけず博士課程の中途で助手に採用され，学位取得が少し先延ばしになった．

予定通り渡米して

1988年博士論文"Motion of a few point Vortices"（少数渦糸系の運動）を提出．満を持しての渡米で，幸いロスアラモス国立研究所のポスドク研究員に採用された．

ロスアラモス研究所は，マンハッタン計画の時代から，その研究対象こそ違え，現在もなお全米から優れた研究者の集まる有名研究所である．ここを出れば，全米どこでも就職できると言われていた．しかし，ちょうどポスドク2年目に，レーガンからブッシュへの政権交代により財政縮小政策に転換．どこの大学や研究所も財政難で人を雇えないという事態に遭遇した．

91年運良くコロラド州にあるアメリカ大気研究センター（National Center for Atmospheric Research, NCAR（エヌカル））の研究員に就く．エヌカルは，気象や大気，また太陽エネルギーや地球科学・環境科学などを研究する研究所であり，乱流研究の本場でもある．

木村さんの研究もカルマン渦のような目に見える現象より，乱流のような一見すると目に見えにくい現象の解析がメインとなった．93年には，距離的にも近いコロラド大学ボルダー校の応用数学科講師に着任．共同研究者のJackson R.Herring先生との出会いなどコロラドでの思い出は多い．知識量の多寡よりも，人種も考え方も異なる研究者たちを束ねていく粘り強さのほうが米国で研究者として生き残るこつであることも学んだ．

日本に戻る

　95年名古屋大学大学院多元数理科学研究科発足に合わせて，名古屋大学の教授に就任する．多元数理への応募の背景には，研究科創設に尽力された四方義啓（しかたよしひろ）先生との共同研究があった．

　自身の乱流研究が数学と物理など他分野との交差点にあり，「多元数理」という研究科の名称どおり，異なる分野の研究者が相互に議論し合えるのは有益だと思った．

　また木村さんには，研究面だけでなく，教育面についても期するところがあった．せっかくおおいなる希望を膨らませて多元数理に集まった学生や若い研究者が戸惑うようなことがあってはならない．万全とはいかないにしても，せめて多元数理に来て良かった，この研究科を卒業できるのは誇りだと思えるようにしたい．さらには，修士や博士の学生がそれなりの力をきちんと身につけ，世の中に出ていけるようにしたい，という思いが強かった．

　国立大学の教員の定員削減，またほとんどの職分が特任という任期制になるなか，大学単体でできることは何かをさまざまに追究した．「教務助教制度」もその一つだ．いまでこそ，他の大学でも取り入れられているが，博士課程を出ても，任期制のプロジェクトばかりに参加していると教育経験を積むことが少

ない．一方で，正規の教職に就こうと思うと，教育経験などの職歴を求められることが多い．それなら，自前でそうした経験を積む場所を設けようというので始まったのがポスドクを教務助教として雇用する「教務助教制度」だ．

　実際，この試みは大学院教育改革支援プログラムの活動として，また助教の坂内健一さん，小林真一さん，宮地兵衛さんら多くの支援を得て実現した．この制度のおかげで，無事正規の教職に就く卒業生も出てきた．教務助教はおもに，大学1年生の数学演習をフォローし，高校数学と大学数学とのギャップを埋めるべくサポートをしている．

乱流研究のここが面白い

　乱流はきわめて複雑な現象だが，現象そのものは特別なものではなく，それこそ蛇口をひねれば勢いよく飛び出す水が例であるように，日常生活にあふれている．

　そんなありふれた現象ながらも乱流研究は奥が深い．木村さんによれば，その魅力は「ランダムネスとは何か」「流れ（空間）の構造とは何か」「特異性とは何か」「非線形とは何か」という 4 つの基本命題が密接に絡むところにあるという．

　ランダムという「乱れ」と渦や波といった「構造・秩序」を合わせもつ乱流の不思議さ．流体の「滑らかさ」と竜巻や磁気嵐という「特異性」が両立する乱流の深遠さ．それらは，ランダムネスや非線形という概念の本質的な再定義を迫るかもしれない．

　われわれがまだほんの一部しか知らない乱流の正体．木村さんたちの理論的な考察や大規模な数値計算を総動員した研究が，それを明らかにしてくれることを期待したい．

「現代数学」2017 年 7 月号 収録

木村芳文（きむら・よしふみ）

1957 年千葉県船橋市生まれ．81 年東京大学理学部物理学科卒．84 年同大学大学院理学系研究科物理学専攻博士課程中退．同年同大学理学部物理学科助手．ロスアラモス国立研究所，アメリカ大気研究センターを経て，93 年コロラド大学ボルダー校応用数学科講師に就任．95 年より名古屋大学大学院多元数理科学研究科教授．専門は乱流，理論および数値流体力学．

砂 田 利 一

文＝冨永 星

小学校の授業中はぼんやりと過ごし，算数も決して好きではなかった．しかし，中学生にして三島由紀夫の戯曲の力を捉える高感度のアンテナに，高木貞治の『近世数学史談』と遠山啓の『無限と連続』が引っかかったとき，少年は数学の研究者になりたいと思った．

数学の研究者という道

　いわゆる進学校とはまったく異なる環境で，しかも砂田は，優等生というタイプではなかったという．それでも，高校2年のときに数学の研究は面白そうだと感じると，「一生に一度きりの」猛勉強で無事，東工大に入学．ところが当時の大学は学生運動の波に激しく揺さぶられ，授業はほとんど行われなくなっていた．そこで数学志望の有志たちは，学外で自主講座を開き，志賀浩二ら新進気鋭の研究者が熱を込めて語る，ベクトル束などのかなり背伸びした数学をむさぼるように吸収．こうして砂田は，数学研究への想いをさらに深めたのだった．

　自主ゼミの縁で，3年から志賀の研究室に出入りするようになった砂田は，4年の卒業研究で，スタンバーグ（Shlomo Sternberg）の『天体力学』第1巻を読むことになる．天体力学という縦糸と，概周期関数，ワイルの一様分布定理，エルゴード理論などの多彩な数学の横糸が織りなすその世界は，砂田の心に鮮烈な印象を残した．数学はほかから切り離された孤高の存在ではなく，分野を超えて，自然科学と結びついたものなの

だ．東京大学大学院の伊勢幹夫の下では，学部で興味を持った
トピックなどを 3 本の論文にまとめた．

　砂田の修士論文の審査に関わった小平邦彦は，制限時間もも
のかは，すべてのテーマを説明するよう求め，後で志賀に「3 本
のうちの 1 本だけでも，博士論文として十分通用するものだっ
た」と語ったという．砂田自身は，伊勢の問題意識から生まれ
た論文を専門雑誌に投稿し，ここに，研究者としてのデビュー
を果たしたのだった．

さまざまな垣根を超えるアナロジー

　研究者としての砂田は，あたかも数学の原野のそこここに咲
く花を愛でるかのように，さまざまなテーマを取り上げ，成果
を上げていった．複素解析，跡公式，状態密度，等スペクトル
多様体，ねじれラプラシアン，伊原ゼータ関数，量子エルゴー
ド性，離散幾何解析，強等方性結晶（ダイヤモンドの双子）．
研究テーマだけを並べると，てんでんばらばらに見えるが，じ

つはそこには自然な流れがあった．そもそも現代数学はきわめて抽象度が高く，ある強力な理論構造が類比（アナロジー）を通してさまざまな分野に表出していると考えるのは自然だった．さらに砂田は，スタンバーグの著書を通して，一分野に凝り固まることなく，さまざまな分野に目配りすることが重要だと確信していた．そのうえで，己のアンテナに引っかかったもの，興味を引いたものに正対して，そこに潜む抽象度の高い構造を探り出し，新たな視点を作り出す．そして自分なりに満足いくまで理解を深めると，再び面（おもて）を上げて，しなやかな視線で周囲を眺め，興味を引いたものとまっすぐ向き合う．その際に縦糸となったのが，数学におけるアナロジーであり，ラプラシアンであり，ガロア理論であり，自然（物理学）に通じる数学だった．（詳細は，勝田篤の英語論文 ”An overview of Sunada’s work up to age 60” を参照）

　志賀の薫陶を受けた砂田は，むろん幾何学者を自認しているが，そのいっぽうで，当初から高木貞治の類体論に強いあこがれを抱いていた．そして，類体論の幾何学におけるアナロジーとしてのトイ・モデルを作ってみたのだが，そこにゼータ関数を加味したところ，カッツの太鼓の問題〔「太鼓の形を聞け分け

られるか」という等スペクトル多様体の問題〕の反例の一般的な作成法が見つかった．本人もびっくり！の展開だったという．1985年に発表されたその論文は，まったく新しい系統的で易しい等スペクトル多様体の作成法を示した論文，数論のアナロジーを幾何学に最初に活用した論文として学界に大きな反響を巻き起こし，今も引用されている．

　当時，砂田は連続的なものを研究対象としていたが，やがて離散的なものと向き合うようになった．ひとつには，マクロとミクロ，連続と離散を対にして眺めたときに，類体論の幾何学におけるアナロジーのように，離散的な世界と連続な世界のあいだにもアナロジーが成立するのでは，と考えたからなのだが，もうひとつ，ある面白い出来事がこの移行を後押ししたという．

　砂田は1996年に志賀と2人で上野健爾が主宰する高校生向けの「新春特別講義」の講師を務め，その内容を本にまとめることになった．そのために「面積と体積」について考えを巡らしていた砂田は，ある定理を思いつく．そして，長方形をさまざまな正方形で敷き詰められることと長方形の2辺の比が有理数であることは等値であるという（いわゆる2次元のデーンの）定理を，グラフ上のラプラシアンを用いて独自に証明したのだった．この経験によって，砂田の離散幾何学への興味はいっそうかき立てられたという．一見初等的なデーンの定理．「初等とされることにも，じつは深いものがあり，決して『高等であるが故に尊い』わけではない」と砂田はいうが，初等的な問題の刺激もあって始めた離散幾何学の研究において，ダイヤモンドの双子の存在を数学的に証明するには，当然，具体と抽象，さまざまな視点を自在に行き来する数学者としての筋力と鋭敏なアンテナ，広い視野が必要になる．

　砂田は，空間における周期性が強く絡む結晶構造，なかでも

もっとも美しいダイヤモンドを，空間と距離を度外視したグラフ理論の観点で調べていった．そして，その美しさを数学的に特徴付けるために，ダイヤモンドのグラフとしての性質を抽出し，一般のグラフに展開したうえで，学生時代から親しんできた酔歩（確率論）の視点で眺めてみた．すると，長時間の酔歩によって，最良なグラフの空間への埋め込みが自然に浮かびあがってくること，ダイヤモンド並の対称性を持つ結晶がほかにもただひとつ存在しうることがわかったのだ．砂田の研究室には，その結晶K4の木製モデルが置いてある．それにしても，空間と距離を完全に取り去ったグラフの世界での議論から，空間と不可分に思える結晶の姿が浮かびあがるとは！　まさにE.ウィグナーの「自然科学における数学の不合理なまでの有効性」を地でいく話といえよう．

生涯一研究者, 一数学教師

　砂田にとっての数学は, そこここにさまざまな宝が潜む, 深く大きな山なのかもしれない. (ちなみに砂田は, 山歩きが好きである.) 宝といっても金目のものではなく, 可憐な花であったり, 美しくも壮大な景色であったり. それらは, 自分の足で歩いて行った者だけが目にすることのできる, 曰くいいがたい情景で, ましてや自ら道を切り開いてそこに至る者は, ほかでは決して味わえない感動を得ることができる.

　そんな数学の面白さ, 美しさを次の世代に伝えるべく, 砂田は啓発にも力を注いできた. さまざまな専門書や啓発書を執筆, 編纂し, 雑誌などの編集にも携わってきたが, その語り口は独特で, 特に啓発書は, 数学の本質への深い理解に根ざし, 必要に応じて記号を導入することをためらわず, それでいて,「なぜこんなに抽象的な議論をするのかと思われるかもしれないが

……」というふうに，数学にさほどなじみがない読み手への配慮もある．数学史などの多彩なエピソードと語りの緩急によって読者を引き込み，手応えのある内容を読み通させてしまうのだ．数学の魅力を数学秀才でない人にまで届けようとする姿勢と，「語りの力」に対する鋭いアンテナは，算数嫌いの文学好きだったからこその資質なのかもしれない．また，専門，啓発の如何を問わず，その著書に砂田自身の数学観が明確に表現されているのも，大きな魅力である．

　砂田は近年，さまざまな著作を通じて数学の現状に関わるだけでなく，現象と数学のつながりに重点を置いた数理科学の研究所，大学院，学部の立ち上げにも深く関わってきた．そして現在は，無事誕生したそれらの現場で，大学院生を指導すると同時に，数学教師の卵である学生向けに数学史などの講義を行っている．

「現代数学」2017 年 8 月号収録

砂田利一 （すなだ・としかず）

1948 年東京生まれ．1972 年東京工業大学理学部数学科卒業．1974 年東京大学理学研究科修士課程修了．同年より名古屋大学理学部に赴任．名古屋大学，東京大学，東北大学で教授を歴任．1979 年から 2015 年までに，ボン大学，フランス高等科学研究所，ポアンカレ研究所，マックス・プランク研究所，ケンブリッジ大学アイザック・ニュートン研究所などの海外の研究機関で客員教授を歴任．日本数学会彌永賞（1987 年），日本数学会出版賞（2013 年），第 1 回日本数学会賞小平邦彦賞（2019 年）を受賞．2017 年 3 月まで，明治大学総合数理学部長．現在は，明治大学名誉教授，東北大学名誉教授．

佐々田槙子

文＝里田明美

確率論の分野で注目を集める新進気鋭の研究者だ。
若さゆえ，つい最近まで学生と間違われることもあっ
たが，研究に対しての情熱は人一倍ある．「物理の面白
い現象を数学的に知りたい」。研究と子育てを両立させ，
若い人に数学の楽しさも伝える．数学界の「希望の星」
だ。

「数学のいろんな理論を学ぶと，物理のもやっとした現象を厳
密に追えるので面白い．抽象と具体の両方を扱えるのが確率論
の魅力であり，社会現象から生物，化学，物理現象の解析まで
何にでも使える最強のツールでもある」

抽象的な数学を専門としながらも，抽象的なものはあまり好き
ではないという．具体的で不思議な現象を解明したいという
気持ちが研究の発端だ。

例えば，コーヒーに液体ミルクを入れると，表面が波打ち，
ミルクが拡散する．原子分子の一つ一つはばらばらに動いてい
るのに，何度やっても全体では似たような拡散の動きに見える。

ミクロの世界と私たちが見るマクロの動きはどうつながってい
るのか――．分子間引力や斥力はいったん忘れて，全体として
どう見えるかを考える．ごちゃごちゃしたミクロの世界に確率
モデルを使い，再現性のあるマクロな世界を微分方程式で表す．
そしてミクロのモデルを仮定すると，その複雑な動きが平均化
されて，美しい秩序だった再現性の高い法則に乗る．ここが面
白い。

「ミクロな世界がこういう動きをしていれば，マクロの世界で
はこういう風に見えると説明がつく．本当のミクロの世界の法
則は何か，というところには必ずしも立ち入らなくてもよい」．
数学というきれいに閉じた世界を使って現象を説明できるのは
何とも言えないすっきり感がある．

　統計物理に関わる確率論を専門とし，最近はミクロとマク
ロのつながりを幾何学的に理解しようとしている．修士1年の
とき，ミクロのルールからマクロのルールを説明する「流体力
学極限」のテーマに出合えた．以降，大数の法則やスケール極
限といった確率論に欠かせない定理をベースに，群のコホモロ
ジーという新たな視点で切り込む．ランダムという一見すると
再現性のないものの中に普遍の真理を見つけ，きれいな数学の
性質の背景に物理とのつながりが見える瞬間はたまらなく面白
い．

　最近では，物理学者から直接，興味深い現象を聴きだし，内

から出てくるアイデアを練り上げる．確率論だけではたどり着けない境地にも，分野の違う人と話すことで見方が広がり，新たな視点が得られるという．

自分だけの手作り教科書

高校時代は，数学と物理が好きだった．物理は数学を使って計算できるのが魅力だった．しかしある日，一つの疑問が湧いた．

物理で用いられる速度，距離，時間，質量など，そもそもどこに最初の基準（定義）があるのか——．物理で「当たり前」に使っている前提が，どう仮定されているのかが気になり始め，定義がはっきりしている数学により惹かれていった．

数学科に進んだ大学3年の前期，大きな壁にぶち当たった．専門の講義では現代数学の基礎となる大切な内容が集中していたが，そこで「驚くほど分からない」場面にいくつも出くわしたのだ．

講義中に先生が「○○と定義します」と言っても「何でそう定義するの？」と疑問が湧く．式を見せられても「その式，どこから出てきたの？」と理解できない．そんな日々が続いた．

初めてでなじみのない定理や式．「教える側（教員）が当然と認識している定理や定義の説明は省略される．でもその『常識』は私にとって当たり前じゃない．このギャップが『分からない』を生む」

当時，仲の良かった女子は工学部や農学部に進み，みんな本郷キャンパスに移った．数学科で駒場キャンパスに残った女子は自分だけ．その寂しさを紛らわすように放課後は図書館で勉強に集中した．

その勉強の中で始めたのが，自分のためのオリジナル教科書

作りだった．解析学，幾何学，複素解析，代数学……．講義の板書をあらためて別の大学ノートに書き写し，自分が理解できなかったところを自分の頭で考え補足する．先生が簡略に説明した証明も自分が分かるレベルで噛み砕き，できるだけ丁寧に書いていった．

最初は「こうなるからそうなる」「ああなるからこうなる」といった具合に，どうすれば理解が進むか，思考を繰り返した．一度分かったつもりでも，すぐにま

た分からなくなることもよくあったが，一人でじっくり考える訓練を重ね，頭の中に回路ができ，ステップを踏まなくても分かるようになった．

この教科書作りを通して気付いたのは，きちんと深く理解す

ることの大切さだ．同時に，数学は理論をしっかり追っていけ
ば，考え甲斐と普遍の価値がある学問だと知った．

　このオリジナルの教科書は，今も大切に持っている．「自分で
作った教科書だから，自分には一番分かりやすい」．頻度は以前
に比べればかなり減ったが，今でも読み返すことがあるという．

数学の感動を共有したい

　最近は研究だけでなく，女子高への出張授業や関連講座の講
師，数学オリンピック財団の評議員も務める．小中学生の女子
と母親を対象としたワークショップも開いて，楽しさを伝える．
算数や数学は難しいというイメージを払拭し，本当の楽しさを
知ってもらいたいからだ．

　「ピアノを奏でるのに，和
音や弾き方の基礎練習はとて
も大切．すばらしい音楽を
奏でるという目標があるから
基礎練習を頑張ることができ
る．でも数学の世界では，学
校で教わる数学の延長にどん
な世界があるのか，一般には
知られていない．授業で習う
数学はとても大事だけど基礎
の部分．授業の延長線上には
無限に広がる面白い世界があ
る」

　母娘を対象としたワーク
ショップでは，エッシャーの
絵に潜む数学を視覚的に紹介

した．子どもたちに絵を見せてどんな性質があるかを挙げてもらう．「同じ部分の繰り返しでできている」「隙間がない」．子どもたちがいろんな気付きを発表する．

「自由な発想で対象を眺め，特徴をつかむのが数学のアイデア」．前提の知識はなくても分類はできる．そこで出てきたアイデアや見方に，ほかとは違う新しさや特徴があれば立派な数学だ．参加した親子からは「数字が出てこない数学があるのだと知った」「世界観が変わった」などの声があり，手ごたえを感じている．

幼いころからピーター・フランクルさんや秋山仁さんの本に親しんできた．そして心に残る本として安野

慶應義塾大学理工学部数学科の談話会で

光雅さんの『はじめてであうすうがくの絵本』（福音館書店）を挙げる．

やかんとめがねをくっつける．A＋Bで新しいものを作る．絵本の中で「まほうのくすり」と称される演算こそ，ルールを決め

れば，正解が決まる数学を象徴している．トポロジーの考え方だって，穴に着目してルールを決め，コーヒーカップとドーナツを同じものとする一つの見方なのだ．

先端の数学を学び，大人になって本当の面白さを知ったからこそ，安野さんのあの絵本には数学の本質が書いてあると思う．

3年前には慶應義塾大学の坂内健一准教授と「数理女子」のサイトを立ち上げた．おしゃれな女性雑誌をイメージし，絵を入れて親しみやすく情報を発信．「世界は数学であふれている」「数理女子のリアルライフ」などの項目を掲げ，身近にある数学を伝え，進路の不安などにもこたえる．数学は面白いと知ってくれた女子の中から一人でも数学者になってほしいとの思いも込めている．

「数学は現実世界ともつながる．ものの見方にヒントを与え，発想を豊かにしてくれる．数学の自由な見方を伝え，私が思う魅力を伝えていきたい」

いま，研究と子育てを両立させ，公私ともに充実した時間を過ごしている．昨年は銀行員の夫とファイナンスに関する共著論文を書いた．家族の存在は研究の原動力となっている．研究と，数学の楽しさを多くの人と共有する活動．今後ももっと力を入れていくつもりだ． **「現代数学」2017 年 9 月号収録**

佐々田槙子 (ささだ・まきこ)

1985 年，米ミシガン州生まれ東京育ち．2007 年東京大学理学部数学科卒業．09 年同大学院数理科学研究科修士課程修了．博士課程を 2 年で修了し，11 年慶應義塾大学理工学部数理科学科助教．14 年同専任講師．15 年から東京大学大学院数理科学研究科准教授．10 年に日本数学会建部賢弘賞奨励賞，日本学術振興会第一回育志賞，21 年の輝く女性研究者賞（ジュンアシダ賞），22 年の藤原洋数理科学賞奨励賞をそれぞれ受賞．

平 岡 裕 章

文＝内村直之

モノの形にはどんな情報が隠されているのか．それを探ろうと，平岡裕章はトポロジーを手にして現実に立ち向かう数学者となった．
「位相的データ解析」は，応用だけでなく確率論や表現論，ゼータ関数にまでかかわることがわかってきた．
21世紀生まれの数学が面白くなっている．

　「ビッグデータの時代」である．モノやヒトの動きや構造がどんどんデータ化され，それがまるごとコンピューターに蓄積され，利用を待つ時代だ．しかし，溜めてあるだけでは，何の役にも立たない．データからなにか「特徴」を引き出さないと，わかったことにならないのだ．そこがむずかしい．
　平岡裕章の取り組んでいる「位相的データ解析」という数学は，モノのミクロな構造から，その本質的な特徴を抽出し，人のよくわかる形式で見せようというのが狙いである．「問題から逆算して，これに使える数学は何か，と追求してきた」というのが平岡のスタイルである．

タンパク質構造に数学を見る

　たとえば，地球上の生物の体を作っているタンパク質というモノを見よう．いくつかの原子でできているいろいろなアミノ酸が結合して，鎖のように一本に繋がっている．それが，3次元空間内で複雑に折りたたまれた構造となり，酵素などとしていろいろな性質を発揮する．最近のX線結晶解析技術などの発達で，ひとつのタンパク質を作っているすべての原子の配置が

九州大学での授業中の一コマ＝ 2015 年 1 月撮影

突き止められ，データベース化されて，だれでも使えるように
なっている．生命の基礎を記録している「データベース」だが，
その構造データからそれぞれのタンパク質の性質を導き出すこと
はとてもむずかしい問題だ．

　そこで数学を使う．各原子を半径 r の球に置き換えたモデル
を作り，その半径を大きくしていったときに，モノにどのよう
な幾何学的変化が出てくるか，トポロジーで解こうというので
ある．

　トポロジーなのだから，注目するのは「穴」の存在である．そ
れを代数的に計算する方法がホモロジーだった．実際のタンパ
ク質の原子配置を有限スケールの「単体複体」でモデル化し，そ
のホモロジーを代数的に（あるいは計算機で）計算すれば，元の
タンパク質のトポロジー的特徴（連結成分＝ 0 次元の穴，輪っ
か＝ 1 次元の穴，空洞＝ 2 次元の穴）がわかるというわけだ．

21世紀に入り，この方法は大きく進化した．それが2002年に提唱されたパーシステント・ホモロジーの方法だ．

　それぞれの原子を「球」で置き換えてモデル化するとき，モデルのスケール（つまり球の半径を）を変えていくとどのようにホモロジー計算結果の様子が変わるかを精密に観察する．

　モデルのスケールを変えていくと「穴」が生まれては消えていくのが見える．スケールが小さいときはいわば網目のみのすかすか状態だが，大きくしていくと球の集まりに囲まれた閉じた「穴」ができるだろう．もっと大きくすると小さな「穴」は潰れてしまい，大きな「穴」のみが残る．このように「穴」の生成消滅を見ることで物質に本質的な特徴を新しい「形」として抽出しようというのだ．「存続する性質を見る」という意味でパーシステント（persistent）が付けられたのだろう．

　さらに2005年，この方法が，次数付き加群として定式化できることがわかり，箙（えびら，クィバー）の表現論で一般化されることも示された．数学者として活躍できる幅がどんどん広がっている．

　現実のデータには誤差はつきものだが，パーシステント・ホモロジーの結果はそれに左右されることのない安定性がある，というのも数学的に証明された．土台は堅固なのである．

　「数学としてまだ扱われていない問題がけっこうあることに気がついたんですね．そこから新しい数学が生まれてくる．ライバルもいないし……」と，今，平岡はいう．

工学から数学へ

　平岡の数学のスタイルは彼の育ち方から出ている．

　大分工業高等専門学校電気工学科で通信工学を学んだ平岡は，さらに大学に編入学することにした．耳にしたのが，学校

の大先輩の噂である．光ファイバー・ソリトン通信の基礎研究から数学者になり，オハイオ州立大学教授となっていた児玉裕治が大阪大学の教授になっている，というのである．「数学を使って工学の一分野を作ったという話を聞き，あこがれた」と平岡．

大阪大学工学部に編入してすぐ，児玉に会いにいった．しかし，児玉は「そうなの．じゃ，もうすぐ僕はアメリカに帰るから頑張ってね」という．実は，短期間の大阪滞在でしかなかった．

しかし，平岡は児玉を追っかけた．暇があれば，アルバイトで稼いだお金で米国や英国の児玉の滞在先まで行き，数学の教えを受けた．「こんなこともわからんの？　こんなことも知らんの？」といわれながらも，朝から晩まで数学に浸った時間であった．

それは大学院基礎工学研究科の修士課程に進んでも続いた．可積分系の理論について，メールで「これ考えておいて……」と与えられる問題を考えては返すという「遠隔指導」を受けたのだった．

博士課程進学をひかえ「これから先どうしよう」と迷っていたとき，新しい出会いがあった．基礎工学研究科で力学系の研究をしていた小川知之である．厳しかった児玉とは正反対で，「楽しめないと研究はできない」とよく遊ぶ人だった．あちらに祭りがあれば神輿を担ぎにいき，こちらに陶芸の機会があれば楽しく土を捏ねる．そんな博士課程の日々を「研究者のあり方を教えてくれました」と平岡は懐かしそうに語る．

最初は工学に入り，児玉に数学の基礎を鍛えてもらい，小川に応用をふくめた研究の意味合いを学んだ．そんなバックグラウンドは，出口を見ながら数学を作るという平岡のユニークな

研究スタイルを作ったようだ.

チームプレーが好き

　さらにもう一人，トポロジーを使った力学系の研究について開眼させてもらった京都大の國府寛司がいた．あるワークショップで國府が「こんなのあるよ」とパーシステント・ホモロジーの研究を平岡に紹介した．2005 年ごろというから，この数学世界が生まれて間もないころだ．「これ絶対，面白い」と平岡はそれに飛びつき勉強を始めた．大学院を終え，「タンパク質の形を数学で特徴づける」ということを広島大学で始めた．その後九州大学マス・フォア・インダストリ研究所に赴任，確率論

サッカーと野球の正式審判の資格を持ち，休日には子どもたちと縦横無尽に駆け回る.

に詳しい白井朋之，表現論に秀でた浅芝秀人，統計数理研究所の福永健次，逆問題に興味を持つ大林一平らとパーシステント・ホモロジーの数学を考えるようになった．

　「素晴らしいめぐり合わせでどんどんアイデアが出たんです，『代打オレ』というような個人プレーもいいけれど，チームプレーも大好き」と，優秀な「選手」たちとプレーできる平岡は誇らしげである．

タンパク質，ガラス……

　現在所属する東北大学材料科学高等研究所は，2007 年，世界トップレベル研究拠点（WPI）として創設され，その目的は

こんな形の研究室レイアウトも自分たちで考えた．広い議論の場所こそ，研究の中心だ．

「数学との連携により新しい材料を開発する」ことである.

　平岡らは, これまでに, タンパク質を圧縮したときにどのように変形するか, 圧縮率を推定する方法などを開発してきたが, 最近は, パーシステント・ホモロジーをあらゆる材料科学に応用したいと思っている.

　最近のヒットは, 物性物理でも困難な問題とされてきたガラスと液体状態の区別だった. どちらも原子がランダムに並ぶが, ガラスはほぼ固体に近く, 液体は自由な形をとる. その違いはどこなのか? パーシステント・ホモロジーを使うと, ガラスには原子が輪っかを作っており, そこに階層性があることを突き止めた.「なかなか内容が理解されなくて論文が発表できなかったのですが, やっと米国の有名誌が OK を出してくれた」. 数学者だけでなく, 物理学者, 工学者など多様な人材がそろって出せた結果である.

　私が見ていたセミナーでは, パーシステント・ホモロジーと確率論の関係をやっているうちに数論でおなじみのゼータ関数まで出てきたのには驚いた.

　「最近, 有名ベテラン数学者までこの分野に参入してきています. どんな数学が生まれてくるか, 目が離せません」. 21 世紀生まれの数学の進展は恐ろしく速そうだ.

「現代数学」2017 年 10 月号 収録

平岡裕章（ひらおか・やすあき）

1978 年大分市生まれ. 大阪大学工学部を卒業し, 同大大学院基礎工学研究科博士課程修了. 北海道大学特別研究員, 広島大学准教授, 九州大学准教授, 2015 年東北大准教授, 同教授を経て, 2018 年から京都大学高等研究院教授. 科学技術への顕著な貢献 2016（文部科学省・科学技術学術政策研究所）など受賞.

加藤 文元

文＝亀井哲治郎

> 「鳥は卵の中からぬけ出ようと戦う．卵は世界だ．生まれようと欲するものは，一つの世界を破壊しなければならない」
>
> ヘルマン・ヘッセ作『デミアン』（高橋健二訳）の一節だ．数論幾何学におけるリジッド幾何学の研究に加えて，数学普及の場面でも大活躍する加藤文元さん．
> しかし，加藤さんの青春時代をたどっていると，しきりにヘッセの言葉が思い出される……

　京大3年の冬，思い切って休学届を出し，加藤さんは故郷の仙台に帰った．

　生物学科を選んだものの，どうにも面白くなく，また合唱サークルの活動に明け暮れたせいで，この3年間の大学生活で「自分には何も蓄積したものがない」と思い知ったのである．

　この先，本格的に勉強をしていく自信が全くもてない．絶望的な状況であった．思い悩んだ末に，「仙台ですこし頭を冷やしたらどうか」との父（東北大の化学教授）や母の勧めもあり，15ヵ月間の休学を決意したのだった．

《2乗しても変わらない無限に続く数》

　なにしろ暇である．時間はあり余るほどあるのに，しなければならないことが何一つとしてない．そこで暇つぶしに本を読む．そのときたまたま手にした一冊が，その後の人生を定めることになったのである．

　ヤーコフ・イシドロヴィッチ・ペレリマン著『おもしろい数学教室』（山崎昇訳，東京図書）．中学生のころ，祖父の早川康弌（数学者で東工大名誉教授）から買ってもらったのだが，それ

まで一度も開いたことがなかった.

　やさしい数学の話が並んでいるが，そのなかに《2乗しても変わらない無限に続く数》という，ふしぎな話題があった．わずか4頁の記事だ．かいつまんで書くと——

　2桁の数25と76は，2乗すると625と5776，すなわち下2桁に元と全く同じ数字が現れる．そして，こうなる2桁の数はこの2つだけ．

　3桁だと，376と625が，それぞれ2乗すると141376と390625となり，下3桁に元と全く同じ数字の並びが出現する．しかも，こうなる3桁の数はこの2つだけだ．

　では4桁ならば？ 5桁ならば？ と進み，ペレリマンは7109376，2890625という7桁まで求めてみせている．

　このようにして，数字の並びの左側にどんどん数字を書き添えていくと，無限個の数字が並ぶ2つの《数》……7109376，

……2890625 が求められることになる.

ふしぎなことに, この2つの無限に長い数は方程式 $x^2 = x$ を満足する! よって方程式 $x^2 = x$ には, 0 と 1 のほかに, 2つの無限に続く数 ……7109376, ……2890625 という解があることになる. そして「10進法ではこのほかに解はない」とペレリマンは結論する. ──

「これはいったい何だろう? 何かとんでもないことが書かれているぞ! だいいち, こんなものを数と考えていいのだろうか?」

あまりのふしぎさと同時に, 強烈なオーラすら感じたと, 加藤さんはいう.

そのふしぎさに促されて, 本に書かれた7桁を超えて, 8桁目, 9桁目, ……を手計算で求めたり, PC98を駆使して200桁まで計算してみた. ペレリマンは「数の並びが無限に続いている」ことの証明を書いていないので, それを考えてみた. ……

無限に続く数との格闘は約1ヵ月ほど続いたが, しだいにこの数の"しくみ"が見えてきた. とくに無限に続く数が2次方程式の「解と係数の関係」を満たすことを証明できたとき,「これはたしかに数だと考えていい」と確信した.

こうして自分なりに発見したいくつかの結果("定理")をレポート用紙にまとめ, できればだれか数学者に見てもらいたいと, 高校の先輩である堀田昌寛さん (現東北大学助教) に相談したところ, 東北大の数学者小田忠雄先生を紹介された.

数学開眼

持参したレポートに目を通した小田先生は, 即座に「これは

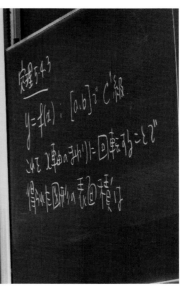

p 進数ですね」とひとこと．そして，レポートのなかのある定理に注目して，「これは《ヘンゼルの補題》というものに相当する」と，19世紀末〜20世紀初めにヘンゼルが発見した p 進数について解説をされた．そして「ヘンゼルの補題はこれです」と見せられたのが永田雅宜著『可換体論』（裳華房）だった．

大きな衝撃を受けた．高校数学程度の知識を駆使して，無手勝流でたどりついた結果と，抽象代数学の言葉で表された定理とが同じものだといわれても，現代数学の知識のない加藤さんにはとても理解できるものではない．自分が発見したと思った結果が，じつはすでに知られたものだったということよりも，両者の落差の大きさがショックだったという．

「よし，これを理解できるように，基礎から数学を勉強しよう！」

猛勉強の開始である．2ヵ月間で微分積分，線型代数，集合論，位相空間論などを独学し，並行して『可換体論』も少しず

つ読んだ.

90年春, 小田先生から「東北大の数学の講義を聴きに来たらどうか」と誘いがあった. いわば"もぐり"だが, 数学科主任の堀田良之先生のはからいで教授会の承認が得られ, "正式のもぐり"として聴講が許されたのである. 大らかな時代だった.

たくさんの講義を聴講した. 小田忠雄「代数学」, 高木泉「複素関数論」, 伊藤秀一「関数解析」, 新井仁之「ルベーグ積分」など, すばらしい講義だったが, とくに西川青季先生の「微分幾何学」の講義には強い影響を受けた.

現代数学を学ぶにつれて, 『可換体論』に書かれていることがしだいに理解できるようになる. そう自覚していく過程は, 加藤さんにとって「すばらしい経験だった」という. ——現象を言葉で表現するために, さまざまな概念がつくられて階層的に組み立てられ, だれもが誤解のしようがない, みごとな言語体系となっている. これは高校数学では経験できなかったことだ. 「数学というのはすごい学問だ!」

数学開眼である．「これはもう数学をするしかない！」

　91年4月，復学するとただちに専門を数学に変更する手続き
をした．

p 進数からリジッド幾何学へ，そして……

　微分幾何学を専攻したかったが，京大には微分幾何の教授が
おられない．そこで代数幾何学をまなぶこととし，4年生では上
野健爾先生の指導を受けた．上野先生と加藤さん一対一のゼミ
で，「ずいぶん鍛えられました」と述懐する．

　修士課程が始まる直前に，「気になる論文がある」といって，
上野先生から D. マンフォードの「An Algebraic Surface with K
Ample, $(K^2) = 9, p_g = q = 0$」という，わずか12頁の論文を紹
介された．p 進一意化という方法を使って偽射影平面をつくる
という内容のものだが，これにより"p 進熱"が再燃することと
なった．そしてこの論文で初めて《リジッド幾何学》というもの

の存在を知り，以後，加藤さんは，この国におけるリジッド幾何学研究の推進者として活躍することとなるのである．

　リジッド幾何学については，加藤さん自身による『リジッド幾何学入門』（岩波書店）をひもといていただきたい．また，藤原一宏さん（名古屋大）とともに2003年頃から書き続けてきた850頁にも及ぶ大著『Foundations of Rigid Geometry, Vol.1』が，いよいよ刊行間近となったそうだ（ヨーロッパ数学会刊，全3巻の予定とか）（2018年1月に刊行済）．

＊

　加藤さんはいま，数学の普及活動にも力を注いでいる．

　数学への出発点となった《2乗しても変わらない無限に続く数》からp進数にいたる経験を土台に，中井保行さんとともに『天に向かって続く数』（日本評論社）という本をまとめた．

　『数学する精神』『物語 数学の歴史』（以上，中公新書），『数学の想像力』（筑摩書房），『ガロア』（角川ソフィア文庫）という一連の著作には，「数学には人生を賭するだけの価値がある．数学が創られていく過程や人間とのかかわりを描いて，数学のシリアスな側面を伝えたい」との思いをこめた．

　近く（10月7日）開催される「MATH POWER 2017」という企画では，望月新一さんの《宇宙際タイヒミュラー理論（IUT理論）》の斬新さについて，一般の数学愛好者向けに講演するという．

「現代数学」2017年11月号収録

加藤文元（かとう・ふみはる）

1968年宮城県仙台市生まれ．1993年京都大学理学部を卒業．97年同大学院理学研究科博士課程を修了．その後，九州大学大学院数理学研究科助手，京都大学大学院理学研究科准教授，熊本大学大学院自然科学研究科教授を経て，2015年東京工業大学理学院数学系教授．95年10月から1年間マンハイム大学，98年10月から1年間マックス・プランク研究所に滞在．理学博士．専門は数論幾何学．

俣 野 博

文 = 冨永 星

朝永振一郎博士のノーベル賞受賞がきっかけで物理学に憧れを抱くようになった木登り好きの少年は，独学で大学レベルの数学に取り組み，やがて二つの問題に出会ったことがきっかけで「物理学者になりそこね」，非線型問題の研究者となった．

自学自習の人

　小学校時代の俣野は，勉強よりも鉄棒や木登りが好きな少年だった．天文や宇宙に関する子供向けの本は熱心に読むが，教科書はカバンに入れたままで，家ではほとんど開かなかった．ところがひょんなことから金閣寺の近くにある中高一貫の男子校，洛星中学に入学，塾通いや模試で鍛えられた同級生たちに囲まれて，自分のそれまでの勉強法が通用しないことを痛感する．それでも自由な校風のおかげで，戸惑いながらも新たな環境に慣れていった．また中1の秋に，錦林小学校の先輩で実家が近所の朝永振一郎博士がノーベル賞を受賞したことから，理論物理学に漠とした憧れを抱き，量子力学や相対論に関する一般向け啓蒙書に熱中するようになった．

　高1のときに学校の図書室で偶然見つけた数学の啓蒙書で「無限」にさまざまな種類があることを知った俣野は，この事実をさらに深く理解しようと一念発起，集合論の教科書を図書館で借りて読み始める．はじめは味も素っ気もない大学の教科書に苦労したが，修行僧のように一心不乱に読むうちに面白くなり，数学の世界にのめり込んでいった．だが本人にすれば，大

学生向けの集合論や微積分，線型代数の本を自力で読み解いて
いったのも，本丸である物理に必須の数学の力を蓄えるためで
しかなかった．

　長期にわたる極度の集中に飽くと，今度は小説に手を伸ばし，
そこから人間，ひいては心理学に興味を持つようになる．

一つ目の問題

　小説の世界で一息ついて再び数学と向き合う気力を回復した俣
野は，高二で雑誌『大学への数学』2月号の「宿題」に取り組む．
だが，「ある 5 変数の不等式を証明せよ」という問題だけでは飽き
足らず，n 変数に一般化した問題を証明して，その解を編集部に
送った．それが 4 月号の「特別研究室」という特設ページで紹介
されたことから，俣野の名前は全国的に知られるようになるのだ
が，本人は特にたいしたこととも思わず，高 3 になると，自分
はこのまま理学部に行ってよいのか，もっと実学的な法学や医学
などを目指すべきではないのか，と悩み始める．本人の記憶には
ないが，中学入試の面接では「将来は理学博士になりたい」と答

えており，その後も自然科学への興味は一貫していた．それでも
いざ進路を決める段になると，迷いが生じたのだ．しかし周囲
の大人は当然のことのように，「ふつう理学部は勧めないが，き
みはやはり理学部だろう」という．けっきょく俣野はあこがれの
物理を目指すべく，京大理学部に進学したのだった．

　大学に入りはしたものの，学内ではまだ学生運動が続き，講
義も少なかった．そうこうするうちに，『大学への数学』の「特別
研究室」の件で俣野の名前を知っていた他クラスの数学志望の
学生に自主勉強会に誘われたことから，俣野はその後3年間，
物理へ邁進するのではなく，数学に取り組むこととなる．

　それでも俣野は，永田雅宜教授の講義などで抽象的な思考力
に磨きをかけつつ，ほかに道はないのか，ほんとうにこの道で
よいのかを探った．3回生になると，数学科出身の臨床心理学
者河合隼雄教授に相談し，河合の臨床心理学の講義を一年間一
回も欠かさず聴講した．講義自体は非常に面白かったが，俣野

は自分には臨床心理士の資質が足りないと納得，改めて理学と向き合うことを決意する．そして憧れの物理に進むべく，4回生で光物性の講座に入ったのだった．

　実験は楽しく，筋が良いといわれもしたが，3年にわたり数学の抽象的思考法にどっぷり浸ってきた俣野は，物理的な勘やセンスを駆使して数式を変形し，結果を出すという物理のやり方にけっきょく馴染めず，大学院で再び数学に戻ることを決めた．それでも1年にわたる物理の実験は，俣野にとって確かな経験となった．

二つ目の問題

　こうして俣野は恩師山口昌哉教授の下で修士論文の作成を目指すことになるのだが，本来抽象的一般的な議論を得意とする俣野にとって，山口研もまた，自分とは異質な要素を含む環境だった．山口教授は当時，微分方程式からカオス理論，フラクタルへと関心の対象を変えていたが，その人脈はきわめて広く，

セミナーにも専門外の講演者を招くことが多かった．かくして
俣野は，ごく自然に数学と他分野のクロスオーバーに立ち会う
こととなったのだ．

　俣野が修士課程 2 年のとき，1 年間のオクスフォード滞在に
出ていた山口研の先輩，三村昌泰が，数日間の一時帰国の合
間に京大に立ち寄った．三村はキャンパスでたまたま出くわし
た俣野に，数学と現象の接点に関するいくつかの未解決問題を
出題，俣野は，そのうちの一つに興味を惹かれる．生態学の数
理モデルである反応拡散系において，捕食関係にある二種類の
生物がいる場合は個体数密度が空間的に非一様な状態で安定に
なり得ることはすでに知られていたのだが，では一種類の生物
だけの場合はどうか，という問題だ．俣野は三村が出題した空
間 1 次元の問題をすぐに解き，空間非一様な定常状態はすべて

不安定であることを示し
た．そして次に，2 次元
以上の領域について考え
始めた．これはかなり手
強い問題だったが，何ヶ
月か集中した結果，つい
に領域が凸領域の場合に
は空間非一様な安定定常
状態が存在しないことの
証明に成功する．ところ
が俣野は，それで満足し
なかった．領域が凸でな
い場合はどうか．領域が
特殊な形であれば，空間
非一様な安定定常状態が

存在する可能性が生まれるのでは？　しかし答えは簡単には見つからず，行き詰まってしまう．

　そんなある日，同級の下宿生に夕飯に誘われて近所の学生食堂に入った俣野は，生まれてはじめてラーメンライスなるものを注文する．店員が運んできた盆の上には，ラーメンの丼とご飯の丼が左右に仲良く並んでいた．その奇妙な光景に一瞬たじろいだ俣野だったが，二つの丼の間に何気なく箸を渡した瞬間に，これだ！とひらめいた．領域にひょうたん型のくびれがあれば，くびれの両側の密度が同じでなくても安定するはずだ．俣野はこの結果を，一般論と具体例の二部からなる修士論文にまとめた．

　かつて『大学への数学』の「宿題」の問題が人との出会いを生み，俣野を数学の世界へ導いたように，今度はこの問題が，俣野を非線型微分方程式の世界へと導くことになった．というのもこの未解決問題に関する論文が，無限次元力学系理論を非線型偏微分方程式に適用する格好の事例を与えていたからだ．この論文のプレプリントは欧米で大評判となり，大学院在籍中の俣野のもとには，海外から幾つもの招待状や共著論文の誘いが舞い込んだ．さらにこの論文が東大の藤田宏教授の目に留まったことから，後に俣野は東大の助手に採用される．

一般理論と具体現象と

　俣野には，自分は抽象的な一般論の考察に向いているという自覚があり，その業績もどちらかというと一般論に傾いているが，学生時代の物理の実験や，山口研での異分野との交流などの経験から，数学の健全な発展には，理論を深化させる作業と，外の世界から新しい刺激を受ける作業の両方が大切だと確信している．

　数学者となった俣野は，研究を進める傍らで，学部学生向けの数学入門書などの執筆を行ってきたが，その際にも，一般論

やテクニカルな事柄に終始するのではなく，感覚を養うこと，たとえば微分方程式であれば，解の有無だけでなく，解の具体的な挙動に焦点を当てることに重きを置いてきた．自身がきわめて抽象度の高い厳密な推論に長けていればこそ，『常微分方程式入門』（岩波書店）などの入門書では，いたずらに厳密に走らずにむしろ感じを摑むこと，「わかる」ことを大事にした．また，俣野によれば，高校教科書の執筆作業は，初学者に数学を伝える際に考慮すべきことを考えるきっかけとなった．

　人生いかに生くべきか，自分は何をするべきか，というのはきわめて大きな問題で，若者はややもすると，「そんなことを考えていたら，出遅れる」と考えて焦り，視野を狭め，迷うことをやめる．しかし俣野はきちんと迷い，きちんと取り組み，自他を見定め，納得しながら前に進んできた．だからこそ，自分にはこれしかなかったし，これしかないと思える，という．

　この春俣野は東大での長い研究生活に終止符を打ち，明治大学先端数理科学インスティテュート（MIMS）に移るが，俣野自身は，これを原点回帰と捉えている．一般論と具体例との二部構成の論文で学界にデビューした自分が，高いレベルでの一般（純粋数学）と具体（現象数理学）の連携を強めることを標榜する場に身を置くこと．俣野にとってそれは，今までの経験すべてを総合する新たな挑戦なのである．

「現代数学」2018 年 1 月号収録

俣野　博 （またの・ひろし）

1952 年京都市生まれ．1975 年京都大学理学部卒業．1977 年京都大学理学研究科修士課程（数理解析専攻）を修了，その後，東京大学理学部助手，広島大学理学部講師・助教授，東京大学理学部助教授を経て，東京大学大学院数理科学研究科教授．理学博士．専門は大域解析学．

小林 亮

文 = 里田明美

くすっと笑わせ，深く考えさせるユニークな研究に贈られるイグ・ノーベル賞．世界広しといえど，このイグ・ノーベル賞を二度も受賞した数学者は他にはいないだろう．応用数学者からスタートして，どうしてそんなにユニークな研究をするようになったのか．自称「不良数学者」の目標と歩みを紹介する．

　イグ・ノーベル賞の最初の受賞は 2008 年．単細胞生物の真正粘菌が迷路を解くというものだった．寒天の上につくった迷路を粘菌で埋め尽くして入り口と出口に餌を置くと，粘菌は行き止まりの部分から退却．結果，最短ルートにとどまり迷路を解いたという研究だ．その粘菌の動きを数理モデルで表した．

　二度目の受賞は 2 年後．関東地方の形をした容器に粘菌を配置し，主な駅に見立てた場所に餌を置くと，輸送効率，コスト，耐故障性の総合評価で実際の鉄道網より優れたネットワークを作った．

　「脳も神経もない粘菌だけど，だてに何億年も生きてきたのではありません．何億年ももつということは，それが優れたシステムであるからに他なりません」

　受賞後，地元の商工会など予期せぬところから講演依頼が舞い込む．「小林先生は，かの有名なイグ・ノーベル賞を二度も受賞され……」などと紹介されるとちょっと気恥ずかしい．

　「本当はイグ・ノーベル賞って科学界の色物なのに……．とは言っても関西人の僕にとっては，笑わせて，考えさせて，その上，賞がもらえたのだから最高の誉れです」

粘菌からロボットへ

　生物学者の中垣俊之氏（北海道大）との共同で始まった粘菌の研究は，ロボット学者の石黒章夫氏（東北大）を巻き込んで広がっていく．これらの異分野の研究者との出会いが数学の枠を超えたユニークな研究につながっている．

　数理モデルで表したのは，粘菌が餌を求めて体をダイナミックに動かす収縮と弛緩の繰り返しの様子．これがロボット制御を専門とする石黒氏には違うものに映った．

　「工学には役に立つものをつくるという下心がある．理学には不思議を理解しようという好奇心がある．自分たちが理学の眼で見て，ある種の振動パターンを出すために入れた方程式の項が，工学の眼を持つ石黒氏には『制御』に見えたのです」

　数理モデルを通して生物を理解したい自分と，生物に学んでロボットに活かしたい石黒氏，二人の思いが一致した．

　単細胞生物からいきなりロボットとなると話が急展開したように思えるが，水面下でしっかりつながっている．

　実は粘菌は「究極の自律分散システム」だという．原形質のかたまりで，脳も神経もなく情報処理の中枢がない．けれども一つの個体としてうまく機能している．現在の多くのロボットのような中央集中制御の対極にある．

　同様にムカデの動きも自律分散的だ.「進む方向性や大まか
な指令は脳で決めているだろうが, 何十本もある足の運びをい
ちいち中央から指令を出しているとは思えない. いま後ろから
7番目の右足を出して……なんて思って動かしてはいないで
しょ」. 体の力学的な自由度がありすぎると, 脳ですべてコント
ロールするのは大変だ.

　今は, 動物の動きと制御に学び, さまざまな自然環境の中で
動けるロボットを作るのが目標だ. 動物のしなやかさを持った
災害ロボットを目指している.

　日本の産業ロボットはとても優れている. しかし災害現場で
自由に動き回ることができるロボットはまだいない. 原始的な
神経系しか持ち合わせていないムカデなどの動物は, 雑木林で
も, 地面の凸凹でも, とにかく不確定な環境をタフに動き回る.
人工知能が人間を超えていく時代に, どうして自然環境や日常
空間を普通に動き回るロボットがいないのか. ある意味, 災害
ロボットのヒントはここにある.

　「粘菌やムカデといった何億年も生きてきている生き物には,
素晴らしいシステムが内在しているに違いない. 謙虚になって

対象を見つめると学ぶことが多い．その設計原理を学び，複雑な自然環境の中を動き回れるロボットを創りたい」

不良数学者の誕生

大阪で生まれ，いとし・こいしの漫才や吉本新喜劇に親しんで育った．「受けてなんぼ」「笑わせな」のポリシーは幼少期に育まれたという．

京都大理学部数学科から数学科の大学院を受けたが不合格．1年留年し，工学研究科数理工学科に進んだ．そのとき，京都の町工場でデンドライト（樹枝状結晶）という金属の不思議な凝固現象を知り，数理モデルで再現したいと思った．

もともと，雪の結晶や砂漠にできる風紋など，自然界で自発的にできるかたちに興味があった．いかにしてこのようなかたちがつくられたのか．そのかたちができていく様子は「動物でも植物でもないのに生き生きして見えた」という．

初任地の広島大では，反応拡散系の三村昌泰教授の研究室で助手を務めた．応用数学の研究室だったが，自分が想像していたよりもずっと純粋数学に近かった．

「単純なものから始まり，やがて複雑な形になっていく自然界のかたち．そのプロセスを数学で表現し理解したい」．その思いは一層強まったが，大きな壁にぶつかった．

「『かたち』に関して証明できることは自明なことが多く，パターン形成としてちっとも面白くない．一方でパターン形成として面白い現象は証明ができない」．二律背反のジレンマに陥ったのだ．

当時の三村教授は，数理モデルをつくり，そこから証明可能なテーマをうまく抜き出していた．俣野博講師は，みごとな切れ味で誰も成功しなかったことを証明してみせた．だが自分はどちらのタイプでもない．二人は輝いて見えた．

「自分のやっていることは面白い研究だという確信はあったが，なにせ論文が書けない．このまま証明をしない数学者でいいのか」．一人で悩み，孤独を感じた．

そのとき結晶成長の様子を記述する「フェーズフィールドモデル」を思いついた．デンドライト結晶という複雑なパターン形

成をシンプルな2つの連立微分方程式で見事に再現してみせた.
「フェーズフィールドモデル」は元々あったモデルだが,異方性
を取り込んだことで世界で初めてデンドライト結晶のシミュレー
ションに成功したのだ.

　これで一歩前進したように思えるが,まだ心は壁を乗り越え
てはいなかった.

　転機が訪れたのは,龍谷大時代の90年.米国のNISTとい
う研究機関であった物質科学と数学の合同会議で,「フェーズ
フィールドモデル」のシミュレーション動画を紹介したら,びっ
くりするほど受けた.そして,このモデルを使って仕事をする
人が続出した.

　世界ではすでに物質科学と数学の融合が始まっていたのだ.

　「数学の証明なしでも科学の世界に貢献できる.それでええん
や!」

　この開き直りでやっと壁を超えることができた.

その後も３次元デンドライトのシミュレーションに成功．数学の枠を飛び出し，関心はますます広がった．

　近藤滋氏（大阪大）と出会い，生物学者と数学者の間に横たわる深い溝も改めて知った．いろんな分野の人たちと研究を重ね「それぞれの分野が交わる十字路のところに面白い研究対象がある」ことにも気付いた．

　いま共同研究している生物学者や工学者らは，みんな自らの枠を取り払った人たちばかりだ．生物学者の中垣氏，そしてロボット制御の石黒氏と大須賀公一氏……．研究スタイルは人との出会いから生まれたともいえる．

　論文が書けなかった助手時代，自分の心の中で枠を決めていたのかもしれないとも思う．数学者たる者，証明なしなんてことはありえないと．でもその枠の中でできないことに興味を持ってしまったのだから，枠から飛び出すしかなかった．当時の自分を放っておいてくれた三村教授には深く感謝している．もしもあのとき，「早く論文を書け」とせかされていたなら，今ここに研究者として立ってはいなかっただろう．

　「結晶成長にしても，粘菌にしても，ムカデにしても，ロボットにしても，対象物が生き生きすればするほど数学的な証明は難しくなる．でもそれでいい．数理の言葉で対象を表現し，理解し，何かを実現する．それがやりたいことなのだから」

「現代数学」2018 年 2 月号収録

小林　亮（こばやし・りょう）

1956 年大阪市生まれ．79 年京都大理学部数学科を卒業し，大学院工学研究科数理工学科に進む．博士課程を 2 年で中退し 82 年から広島大助手．89 年から龍谷大講師．95 年から北海道大助教授．2004 年から広島大教授．2021 年 4 月より同名誉教授．専門は応用数学．趣味は，バンド活動とウィンドサーフィン．現在はパラグライダー．

雪 江 明 彦

佐藤幹夫と新谷卓郎が創り出した概均質ベクトル空間の世界は，数論研究と結びついてその意味を深めた．雪江明彦は，マンフォード譲りの幾何学的不変式論をきっかけにして，その世界の数論的な意味をさらに広く深く掘り続けている．

京都大学理学部の雪江の部屋に入ると，腹筋トレーニング用の運動器具がどんと据えられているのが眼に入った．

「気力を保つために，走ったり腹筋を鍛えたりしているんです」という．数学研究はいつも先が見えないものだ．できるだろうと見込みをつけても，最後まで具体的にやり遂げないと数学が完成することはない．そのためには非常に強い意志が必要で，肉体の鍛錬はそれを裏付けるためのものなのであるという．

それを聞いて有名な話を思い出した．1955年の日光での代数的整数論国際会議に参加したアンドレ・ヴェイユが，中禅寺湖を泳ぎ，その周りを走ったあげくに「数学は体力だ」とある日本人数学者に言い放ったという伝説だ．雪江も同じ信念を持つ人なのだろう．

背伸びの中学生時代

雪江の話を聞いていると，中学生のころから数学書にむしゃぶりついてきたことがよくわかる．中学1年生のとき，高校の数学教科書3年分を取り寄せ，瞬く間に読んでしまったという．そのときの雪江は「円錐の体積が，底面積 × 高さ ×1/3であ

る理由が知りたかった……」のだ．つまり，積分法の知識を求めていた．さらに，中学2年のとき，「5次方程式は解けない」ことの証明があるという話をどこからか聞きつけた．山梨県立図書館に赴いてそのことが書いてあるというアーベルの論文の邦訳が掲載された本を探し出し，読みふけったが，さすがにわからなかった．

「あれは私が群論に接した最初の経験だったんですけれどね」と雪江は苦笑いする．

高校3年のとき，フィールズ賞を受けた広中平祐がさらに文化勲章も受章し，愛読する数学雑誌に複素多様体，特異点解消……などの言葉が散らばっていたのを読んだが，やはりまだわからなかった．大学以後の代数幾何へ向かうきっかけが，このときにひそかに作られたのかもしれないが……．

早すぎた出会い

数学への欲望を満たせるようになったのは，76年に東京大学

に入学してからだった．駒場・教養学部の生協書籍部数学書コーナーに積まれた数学専門書を眺めてはよさそうな本を手に入れ，クラス仲間と自主ゼミをした．1年のときに，永田雅宜の『可換体論』を読んでガロア理論を理解したときの思い出を嬉しそうに語った．

　雪江はしばしば，自分が出会った数学の本の感想を「面白い，楽しい」と表現する．そう言葉にするのは，数学の広がりやその行き先がしっかりと捉えられる本に出会ったときらしい．

　出会いといえば，雪江の現在の研究対象である概均質ベクトル空間のパイオニアの一人，新谷卓郎との出会いは大学2年のときでちょっと早すぎた．数学科進学者用のアドバンストな線形代数の担当が新谷だった．「2コマ連続の授業だったんですが，チョークしか持たずにほかでは聞けないユニークな内容の講義をする．熱が入ってくるとコマ間の休みも次に控える演習の授業の開始も無視して話し続ける先生だった」．

　修士1年のときにも新谷の二重ガンマ関数の講義を聞いていたが，その途中で新谷はこの世を去ってしまった．新谷の葬式に出席して，弔辞の中で雪江は初めて概均質ベクトル空間とい

う名前に出会ったのだが，その意味を見定めるのは，まだ先の
ことだった．

　代数幾何はまもなく雪江の視界に入ってきた．数学科の3年
生になって読み始めたのは，アレクサンドル・グロタンディー
クの『EGA（Éléments de géométrie algébrique，代数幾何原
論）』である．フランス語原書で約2000ページもあり，スキー
ム，コホモロジー，射影スキームと抽象的な一般論が続く難物
で知られる書物だ．

　「証明は省略せずに全部書いてありますからね，時間はかかっ
たけれど，わかりにくくはなかった」といってのける．そして
「若いからできたんでしょうねえ．ああいう無味乾燥なものは若
くないと読めない」と付け加えた．

　4年のセミナーも代数幾何専攻の塩田徹治につき，出版され
たばかりのハーツホーンの教科書を読んだ．塩田を選んだのは
「優しそうに見えたから」という．『EGA』に取り組んだあとだか
らだろう，「ハーツホーンは短いし，整理してあって面白い本で
したね」とさすがである．さらに小平邦彦の代数曲線の分類に
関するセミナリーノートなども面白く読んだ．本質を求めるモ

ジュライ問題にだんだん興味が湧いてきた.

数論的意味に目覚めて

　修士課程に進んでまもなく, 広中奨学金を得て代数幾何の泰斗, 米ハーバード大のデヴィッド・マンフォードのもとに留学した. この頃はちょうど, マンフォードが数学からコンピュータ科学に研究分野を変える前後で, 雪江は数学ではほとんど最後の学生であったという.「ラッキーだったと思います」と雪江.

　マンフォードが創始した幾何学的不変式論（GIT）を学ぶうちに, GIT と概均質ベクトル空間が関係していることに気がついた.

　「新谷さんの2元3次形式の論文をパラパラ見ていたら, 使っているテクニックが, ああ, これは GIT だとわかったんです」. しかし, 当時は, 概均質ベクトル空間は幾何学的モジュライとは無関係と思い, 雪江はそのとき, それ以上の興味を持たなかったが, その印象は深くしまい込まれた.

　幾何学的不変式論と概均質ベクトル空間の関係が, 幾何学的には面白くなくても, 数論的には面白いことに気がついたのは, 5年ほどたってプリンストン高等研究所にいたときだった.

　雪江は, 学部生のころから数論にはもともと興味があり, ボレビッチ‐シャハレビッチの教科書や志村五郎の保型形式の本も読んでいた. 東大でついた塩田も数論幾何の発想があった. そう気がついて数論的発想に切り替えると成果もどんどん出た.

　「3変数の2次形式の対がなす概均質ベクトル空間が, 4次体と関係しているとわかって, それから芋づる式にいくつかの場合に数論的意味があるということを証明, さらに5次体に関係する場合があるとかいろいろ考えた. 1つ解けると, いろんなきっかけがあるものです」.

　92年の概均質ベクトル空間での有理軌道決定, 93年の幾何

学的不変式論から軌道を考え概均質ベクトル空間のゼータ関数の性質を調べた仕事を始めとして，世紀の変わり目をまたいで概均質ベクトル空間による数輪に関する結果を出し続けた．これが日本数学会代数学賞の対象となったわけだ．

「もともと関心があったモジュライ問題と概均質ベクトル

空間は問題の現れ方が逆みたいな気がする」と雪江は感じていた．群が概均質ベクトル空間に作用した結果の集合である「軌道」の意味が今，一番面白く，一番気になる興味の中心だという．

仙台から京都へ

マンフォードに学んで以来，雪江はアメリカとドイツで計19年間の外国生活を送った．合わせて10年近くも研究生活を楽しんだ米西部のオクラホマ州立大学に別れを告げ，99年に帰国，東北大で教えるようになった．そこでは指導する学生の数も多い上に専攻長も引き受け，多忙を極めた．そのせいか，この時期は，研究への方向を緩めざるを得ず，その代わりに学生向けの代数学と数論の教科書執筆に熱を入れた．2011年，東日本大震災を経験した．京大から異動の話があり，迷った末に足

掛け 13 年ほどいた東北大から京大に移ることにした.

「今は研究中心. 本も解説論文も執筆を断っています. お酒を飲むのも京都にゲストが来たときぐらい. 節制して健康と気力を保つ. 数学ってそういうものが必要なんですよ」というのは, 成熟した数学者としての覚悟なのだろう.

今, 研究を進める上での IT のありがたさをしみじみ感じている. 以前, オクラホマ州立大で教えたアンソニー・ケーブルとの共著論文を 6 年間で 6 本書いたが, その間, 用件は電話とメールで済ませ, 直接に会うことは一回もなかった. そのときは時差でけっこう苦労したという.

「いまならメールにスカイプを組み合わせればもっと楽でしょう」という.

コンピュータ計算を使った研究も進める予定だが, 人工知能, AI は信用しないようだ.「数学みたいな新しいことをやるなんて人工知能にできるわけはないでしょう. 人間みたいに失敗して悩みながら方向を見つけるとかできれば別ですが……」と笑った.

(敬称略)

「現代数学」2018 年 3 月号収録

雪江明彦 (ゆきえ・あきひこ)

1957 年甲府市生まれ. 80 年, 東京大学理学部数学科卒業, 同大学院理学系研究科を経て, 86 年米ハーバード大で Ph.D を取得. ブラウン大, オクラホマ州立大, プリンストン高等研究所, ゲッチンゲン大, 東北大を経て 2012 年から京都大学大学院理学研究科教授. 2009 年度日本数学会代数学賞受賞.

な仮定（数式版）

$$\dot{P_0}(t) = -k\,P_0(t)$$

$$\dot{P_n}(t) = -k\,P_n(t) + k\,P_{n-1}(t)$$

$$(D+k)\,P_0(t) = 0$$

$$(D+k)\,P_n(t) = k\,P_{n-1}(t)$$

(★)をみたすとき，

$$P_n(t) = \boxed{\;?\;}$$

n-1個　　　x本

$P_{n-1}(t)$

$P_0(t) = \boxed{}$

西 郷 甲 矢 人

文＝亀井哲治郎

1月のある日，2回生向けの授業を参観した．テーマは「線型微分方程式の復習」と「確率モデルへの応用」．長方形の教室の3辺に掛けられた白板を自在に使って，あちらへこちらへと早足で縦横にめぐりつつ，熱気に溢れた見事な授業だった．その若き数学者の歩みと現在を追ってみよう．

いくつもの顔がある．

まず，数理物理・非可換確率論の最前線で活躍する研究者．京都大大学院において小嶋泉さんのもとで数理物理をまなび，研究者の道を歩き始めた．長浜バイオ大学のホームページ「教員の紹介」に，いま関心をもつ研究テーマが挙げられている．

- 量子古典対応の数理
- 新しい「独立性」概念
- 圏論による組織化

2つめは，《圏論》の裾野を広げようとする研究者の一人．蓮尾一郎さんほか6人の仲間とともに『圏論の歩き方』（日本評論社）というユニークな本をまとめた．また，本誌『現代数学』においても圏論的な観点からの線型代数を「しゃべくり線型代数」として連載中（能美十三氏との共著）．

3つめは，生物系の大学の数学教師．その授業内容をもとにした本『指数関数ものがたり』（日本評論社）が2018年4月に発売（これも能美十三氏との共著）．

4つめ，松尾匡さん，朴勝俊さんらと《ひとびとの経済政策研究会》を立ち上げた．

そして，3人の子どもの父親．この国の情況に声を挙げ，行動

も起こす．たとえば《コドモデモ》．子どもたちの母親である西郷南海子さんとともに「戦争いらないコドモデモ」「原発いらないコドモデモ」を企画，子どもと大人がともに京都の街をデモ行進した．

高木仁三郎さん

　岡山県の南東部，瀬戸内海に面した牛窓町で少年時代を過ごした．「日本のエーゲ海」とも称される絶景と温暖な気候，そしてオリーブの栽培で有名な町だ．

　父（西郷竹彦さん）が文芸学者だったから，家には本が溢れていた．その中から手当たりしだいに読んだ．算数よりも宇宙や科学に興味をもち，また仏教への関心も芽生えた．

　3歳のときチェルノブイリ原発事故が起きた．テレビでドキュメンタリーなどを見て，「なぜ人間はこんな危険なものをつくるのだろう」と強い疑問を抱いていた．小学生のとき原発反対運動の集会に西郷少年は参加して，講師の高木仁三郎さんに，「放射性廃棄物の問題については，プルトニウムなどはしばしば話題になるが，他の元素，たとえばアメリシウムの問題について

は考えなくてもよいのか」と質問をしたところ，高木さんは（記憶は定かではないが）

「私の小さい頃を見るような……」

と会場の爆笑を取ったうえで，

「アメリシウムは絶対量が少ないので，いまのところそこまで大きな問題ではないと思われるが，そうしたことに目配りしようという姿勢は重要です」

そんなことを答えられたという.

小学生が集会に参加し質問までしたことは，高木さんに深い印象を残したのだろう. 西郷少年のことをいたく心に留めて，子ども向けの本を含めた著書がいくつも送られてきた. 西郷さんもこの出来事により「人間として尊敬できる科学者のすがた」を深く心に刻み込んだ.

圏論への入り口

高校は広島大学附属福山高校に進学した. 牛窓から1時間余

をかけての電車通学である．やがて同級生たちと競って本を読み，読んだ本をめぐって議論を交わすようになった．そんななかで高木貞治の『解析概論』や『数の概念』などを読み，しだいに「数学や物理もおもしろそうだ」と感じ始めたという．

　高校の数学科準備室におかれていたブルバキ『数学原論』やヒルベルト『幾何学の基礎』にも手を伸ばした．とくにヒルベルトの本にはものすごく感動した．

　しかし，京大受験に失敗したあと，ものごとを思い詰めて考えるようになり，厳密性を追求するため数学基礎論への興味をもつが，やがて自分の抱いた「厳密性」の捉え方に限界を覚える．

　「ものごとの全体が"グラグラの基盤"の上にあって，どんなにがんばっても決して"絶対的厳密性"には到達できないのではないか」

　そう考えると一筋の光が見えてきた．

　「たとえばビルディングはすごく安定しているけれども，それは地球の上に建っている．しかしその地球は何かに支えられているのではなく，ほかのいろいろなものとの"関係"の中で

安定している．そう思うと，これまで考え
たことや疑問がすべてつながってきたので
す．ものごとは何か絶対的な基盤の上に打
ち立てられているのではなく，何かと何か
の"関係"において成り立っている．つまり
"関係性における正しさ"ですね」

　関係性への着目．——まさに《圏論》へ
の入り口に立ったといえよう．そんなとき
にS.マックレーン著『数学——その形式と
機能』（彌永昌吉監修，森北出版）を手にす
る．運命的なめぐりあいだった．

《圏論》との出会い

　マックレーンの本は菊判で600頁を超える大冊だが，全体は
12の章からなる．

　形式的構造の起源／整数から有理数へ／幾何学／実数／関
数，変換および群／微積分学の諸概念／線形代数／空間が有す
る形式／力学／複素解析とトポロジー／集合，論理，圏／数学
のネットワーク．

　マックレーンは本書に寄せた「日本語版への序文」に次のよう
に記す．

　「この本で私は数学を"機能的形式主義 (functional formalism)"
の立場から記述しましたが，いまはそれを"数学の変幻きわまり
ない特質"といいかえてもよいと思います．同一の数学的形式
が多数の異なる場面で実現され，したがって多くの機能をもつ
のです．同じ数学的形式が現実界にこのようにさまざまに用い
られるのは，何によるのでしょうか？」

　本文中では「形式的機能主義」という表現も使われているが，

数学の諸相を《形式》と《機能》という視点から考察していくマックレーンの記述に，西郷さんは強く共感を覚えた．

「数をかぞえるといった身近なところから始まり，それを定式化するとこうなる，その定式化のしかたも多様であることを強調している．数学はこういうものなのではないかなぁ……と，なんとなく思い描いていたことに，まさにぴったりと嵌まったのです」

だが，最初は第11章「集合，論理，圏」には全く歯が立たなかった．圏論の創始者の一人マックレーンが，圏と関手，自然変換といった基本概念について解説した章である．

「ものすごく重要そうなのに全くわからない．でも，読んでいると，ともかく《圏》という概念は絶対に重要だと思いました」

この本を何度も何度も読み返した．「なるほど，そうだ」と思うことが多いが，いまだによくわからないこともある．だから，また読む．

圏論的ものの見方・考え方

圏論では，対象だけでなく，対象と対象を結ぶ矢印（変換）に重きをおいて考える．むしろ変換こそが主体となる．すなわち"関係"的にものごとを見るのである．

「関係が重要だ」といえば「それはそうだ」となるけれども，それがお題目に終わらずに，きちんと数学的な道具立てにまで高めたのが圏論だ．これが数学以外の分野にも役に立たないはずがない，と西郷さんは確信する．

対象と対象の関係のあり方，パターンに着目すると，同じパ

ターンにより，意外な分野や主題がつながりあってくる．これまでは数学の分野どうしに橋を架けるために圏論的手法が使われてきたが，最近では物理や哲学，神経生理学など，さまざまな分野で圏論的発想が役立ち始めているという．その一端は『圏論の歩き方』にも紹介されている．

　数学者でない他分野の人に圏論の話をすると，たとえ初歩的なものであっても,「そんなにすごい考え方があるのか！」と強い興味をもって受けとめられることが多く，手応えを感じる．しかし，自分自身の貢献に関しては全く初歩的な段階に留まっていて,「圏論の応用」というにはほど遠い．

　「圏，関手，自然変換という基本概念のほかにプラス・アルファ，その分野にとって大事な何かを加えないといけない．それをどうしていくかが課題です」

　西郷さんはそう締めくくった．

「現代数学」2018 年 4 月号収録

西郷甲矢人 (さいごう・はやと)

1983 年神奈川県川崎市生まれ．5 歳から岡山県牛窓町（現瀬戸内市）で過ごす．2006 年京都大学理学部を卒業．2011 年同大学院理学研究科博士課程（数学・数理解析学専攻）を修了．修了直前にプリンストン高等研究所に滞在．2011 年長浜バイオ大学講師，2016 年同准教授，2020 年より同教授．博士(理学)．専門は数理物理・非可換確率論．

ジャック・ガリグ

文＝吉田宇一

子どもの頃から，コンピュータが大好きで，おまけに
はるか離れた日本にも強く憧れ，お手製の日本語ワー
プロまで作ってしまった少年が何十年か後にたどりつ
いた先は？

　ジャック・ガリグさんは，かの有名なエコール・ノルマル・
シュペリウールの出身．インタビューのなかで，フランスと日
本の大学教育の違いについてどう思われますかと凡庸な質問を
したら，「わたしは大学を出ていないのでそれに答えるのが適当

かどうか」と言われてしまった．えっ，
そうなんですか．

　ポカンとしていると，「エコール・ノ
ルマルは卒業したという証明はあって
も，学士とか修士とか資格が与えられ
るわけではない．提携する大学の単位
をうまく履修して初めて同等の資格が
与えられる．そもそもそこに入るには
リセのあと準備級に行って……」．フ
ランスの教育制度に疎い身としては，
初めて聞くことばかり．じつは，その
単位履修の一環で実習課題があり，1
年生のときの実習先が日本の沖電気
だった．

ほんとうにやりかったのは

　子どもの頃から数学は得意だったが，コンピュータのほうがはるかに面白かった．小学生の頃には LOGO を学んだり，家庭用パソコンで，Pascal のプログラムを組んでグラフを描かせたりしていた．

　また，いつとはなしに日本および日本の文化への憧れも芽生えた．ガリグさんは 6 人姉弟の末っ子（姉 5 人）．日本大使館駐在の外交官と結婚した次姉を頼りに，リセの頃，日本を何度か訪問した．こんな経験から，人工知能や機械翻訳を使って自由に人間が国境を越えることができないだろうかと夢見ていた．

　だから，エコール・ノルマルの数学コースに進んでからも，プログラミング言語の授業に飽き足らず，機械翻訳への興味はずっと抱いていた．そこに，教師の 1 人からプログラミング言語が専門の大堀淳さん（現在東北大学）を紹介され，それを伝に大堀さんの所属する沖電気を実習先にと申し込んだ．それは沖電気関西研究所で進行する機械翻訳プロジェクトに関われるチャンスだと思ったからだ．

2年目の実習も日本での実習を希望し，いくつかの大学を紹介してもらった．そのなかで東京大学の米澤明憲さんの研究室が魅力的に思えた．とくにプログラミング言語の基礎理論，ラムダ計算，自然言語処理，並列処理など複数のテーマが同じ研究室内で扱われており，それぞれのテーマ選択は各自の自由だったからだ．

また1年目（1991年）の実習を終える頃から，機械翻訳よりもプログラミング言語理論のほうに興味が移り，さらにはラムダ計算に関心が向いた．課題として出されたあるプログラミング言語のなかの関数の引数問題にラムダ計算の拡張が使えることを思いついたのがきっかけだ．

翌年の実習先は予定通り米澤研究室に落ち着き，拡張ラムダ計算のアイデアをさらに深めることになる．研究室の雰囲気も

よいし，このまま日本に居続けたい気分になり，東大大学院の
入試を受けた．そして合格．その年の 10 月から，晴れて米澤研
の院生になった．

　縁があって，大学院生の中途で，京都大学数理解析研究所の
助手採用の話が進み，学位取得後，正式に助手として採用され
た．

型理論の研究に邁進する

　京都大学数理解析研究所では，沖電気から移動していた大堀
淳さんと再会，共同研究もできるようになった．

　ガリグさんの研究テーマは，プログラミング言語の基礎を支
える「型理論」だ．型とは変数の中身の性質を指す．変数の中身
が整数か実数か文字列かを明示的に定義しておかないと，たと

えば変数 a, b が与えられ，片方は実数，片方が文字列なら四則演算をするわけにはいかない．簡単なプログラムならそういう矛盾を実行時に見つけることで事足りるが，大規模で複雑な構造をもつプログラムを走らせようとすると，初期の合成ミスは致命的になる．変数の型定義は必須だ．プログラムが正常に動くかどうかの判別は，それなしには進められない．

　また実行時に矛盾を確実に発見しようとすると，大量のチェック作業が必要になり効率も悪い．そのためにもプログラムを走らせる前に自動的にバグをチェックし，健全性を保つようなプログラミング言語が理想である．そこで数理論理学を駆使する．プログラムの型の整合性問題を論理証明の導出だとみれば，アルゴリズムの正しさを形式的に証明できるようになる．

OCaml って知っていますか

　プログラムの健全性を保つ意味で有力なのがプログラミング言語の「型システム」だ．型システムの柔軟性をいかに高めるかが重要な研究目標になる．プログラミング言語というと，C言語が有名だが，C言語には型はあっても，柔軟性が足りないため，型を変える操作を多用すると健全性が保たれなくなる．アルゴリズムの証明や再帰的な問題を処理するには不向きな言語だ．

　ガリグさんが出した1つのアイデアは，関数型プログラミン

グ言語における「ラベル付き引数」の提案である．これは東大米澤研でおこなった拡張ラムダ計算の研究の延長線上にある．関数型言語では変数の共有をなるべく避けるため関数が多くの引数をとる．そこで定義時だけでなく実行時にも引数の意味が読み取れるとプログラムが読みやすい．それが「ラベル付き引数」の導入だ．ただしそのためには新たな型推論のアルゴリズムを考案する必要があった．

　それを実装したのが，京都で作られた O'labl（おーらぶる）というプログラミング言語である．もともと ML（メタ言語）系言語の先達だった OCaml（おーかむる）言語を拡張したものだったが，2000 年に本家の OCaml にも取り込まれた．ガリグさんは，OCaml の最初から関わった研究者 5 人のうちの 1 人だ．

　OCaml は，エアバスの飛行制御システムのソフトウェア・チェックのほか，Facebook のなかの機能動作のチェックにも活用され，いまなお現在進化形である．

祇園祭で袴姿を披露する

　エコール・ノルマル 1 年生の沖電気での実習の際，補佐してくれた社員が現在の奥様である．もちろん当時は，その後そんな関係になるとは神のみぞ知るだ．だから人生は楽しい．

　たまたま京都市内のマンションを購入．棟内ネット環境の改善のためにマンション組合のメンバーとなる．さらにマンショ

ン組合と町内会との関係から，思わぬ形で祇園祭にも関わることになった．2005 年には正使を勤め，その後は毎年手伝い，巡行にも参加している．

講義のことなど

リセの頃から，夏目漱石や芥川龍之介を読み，現在も時間があれば日本の小説はよく読むというガリグさん．もちろん講義は日本語でおこなわれ，板書も「かな・漢字使用」だ．最初に教え出した頃，板書のアルファベットのほうが読みにくいと学生に言われたのにはショックだった．

ガリグさんは，Coq 言語にも関心がある．かつて数学の未解決問題だった 4 色問題がコンピュータ支援によって証明されたことは有名だが，2004 年に完全に機械化された証明がなされたのは Coq 言語による．2012 年には奇数位数定理も Coq 言語によって証明されている．Coq は型付きラムダ計算に基づく定理証明支援系の言語で，Coq 自身が OCaml で書かれている．

日本で，プログラミング言語の基礎研究や型システムの研究が進められている大学は限られている．多元数理科学研究科のなかでも，ガリグさんの研究テーマは異色だが，それだけにガリグさんの研究や講義はとても貴重な存在だ.

「現代数学」2018 年 5 月号収録

ジャック・ガリグ (GARRIGUE, Jacques)

1971 年フランス中部のクレルモン＝フェラン生まれ．パリ高等師範学校（エコール・ノルマル・シュペリウール）卒．1995 年東京大学大学院理学研究科博士課程修了．京都大学数理解析研究所助手を経て，2004 年名古屋大学大学院多元数理科学研究科准教授，2018 年より同教授．理学博士．専門は，型付きラムダ計算，プログラミング言語理論.

西 浦 廉 政

文 = 冨永 星

設計図という一枚の図面から物ができることに驚異を感じていた少年は，その後 40 年にわたって，変化が生み出すパターンを追い求めてきた．そして今，一本の数式から物を作っている．

2016 年 3 月 4 日の東北大学における西浦の最終講義の題は，「起承転結」ならぬ「起承転々」．生きている限り「結」はないという自身の人生観なのか，はたまた自分は「結」を定めないという宣言なのか．いずれにしても，西浦の関心はどこまでも，動きや変化にあった．

物作り

家以外の木製品なら何でも作る木工職人の家に生まれた西浦が，物作りに関わりたいと考えるようになったのは，ごく自然なことだった．高校では文系にも大いに興味があったが，教師に「この成績なら理系だろう」といわれ，自分の好きな物作りと一枚の設計図から家を作る建築とを重ねて，京都大学工学部の土木建築学科に進学した．ところが新入生歓迎オリエンテーションで工学部長の挨拶を聞いたとたんに，ここは自分のペースでしたいことをできる場ではなさそうだ，と直感する．学生運動が盛んで授業もろくにないなか，代数学の西村孟教授を囲む自主ゼミに参加した西浦は，数学のなかに物作りとは別の面白さを感じるようになった．そして転部試験を受けると，理学

「一本の数式を実験家が表現するとこんなふうになっちゃうんですよ」

部の3回生になったのだった.

　4回生では，溝畑茂教授の線形偏微分方程式や伊藤清の流れを汲む確率論などのグループを横目に見ながら，同じ年に工学部から理学部に移ってきた山口昌哉教授のところが面白そうだと考え，その講究を取る．そして山口研の土曜日のセミナーをのぞきはじめたことが，西浦のその先を決めることとなった．山口教授は，当時の日本では際物扱いだった生命や経済の非線形偏微分方程式を盛り立てようと尽力しており，数学以外にも生物系の岡田節人，物理系から生物物理学の創始を目指した寺本英，経済系の塩沢由典や工学系の広田良吾らが参加するそのセミナーは，数学と他分野の自然な交流の場だった．「数学の持つ無責任，無節操な体質により，他分野への侵略は止められない」と主張する山口教授に，由緒正しい物理系の非線形方程式 vs 出自の怪しい生物系の非線形方程式という学問素性論を盛んに戦わせる若手主要メンバーの亀高惟倫や三村昌泰．西浦は，

第1回，現象数理学三村賞を受賞（2017.12）

こういうおもしろい人がたくさんいるところでもう少しやってみようと思ったという．

非線形と分岐理論

　修士課程は阪大の熊ノ郷準教授についたものの，教授の専門の擬微分作用素にはのめりこめず，「何をやってもよいが，そういう方程式は数学的には終わっているのでは？」といわれながらも，山口研の訳のわからない非線形に惹かれ続けた．方程式をただ形式の面から数学的に研究するだけでは，骨をしゃぶっているだけで，肉を見ていないのではないか．そういう漠たる思いの裏には，中学生で読書感想文を書くために寺田寅彦の随筆を読んでその面白さに打たれた記憶があったような気がする，と西浦自身はいう．結局，熊ノ郷教授の厚意に甘えて，山口研に出入りする亀高の助言で半線形双曲型方程式の周期解の存在に関する論文をまとめると，博士課程で再び山口研に戻ること

西浦研究室にはコーヒーメーカーが4台常設されている.
となりのコーヒーマスター宇田智紀 (数学連携センター助教) の手作り珈琲もまた絶品.

となった.

　非線形の分野のさまざまな業績が爆発的に発表された70年代，西浦も，変化によるパターン形成を巡る新たな結果をどんどん吸収していった．山口教授は，当時まだ新しかった力学系の分岐理論 (パラメータの変化による系の質的位相的変化についての理論) の専門家が日本にいないことを知ると，だったらきみが専門家になれば？と軽くいってのけ，それを真に受けた西浦は，当面分岐理論に集中することを決めた.

　京都産業大学で藤井宏教授と過ごした西浦は，三村昌泰のいる広島大学に移る頃に，反応拡散系の解の安定性解析の手法であるSLEP法を開発する．特異摂動解のスペクトルに対応する固有関数が超関数になる場合に，適切なスケーリングを行ってきれいな特徴付けを行うこの手法は，以後大きく展開され，今や反応拡散系の特異摂動問題における標準的解析ツールとなっている.

「パラメータの変化によってパターンが形成される反応拡散系」と一口にいっても，生物，無生物を問わず無数の例がある．だが西浦が扱う数学的構造は多様な場合を串刺しにする抽象的なものなので，応用範囲がきわめて広い．ところがここで西浦は，研究の方向を変えることにした．これまでのような数学的に設定済みの問題は若い人に任せて，自分は，できるかどうかわからない，数学になるかどうかわからないがおもしろい問題，扱うべきだと思える問題に取り組もう．はて，何かおもしろい問題はないものか．そう思っていた矢先にフランスで見せられたのが，生物とは無縁の化学反応でありながら自己崩壊，自己分裂が起きるド・ケッパーの実験だった．このような現象を数学の土俵に乗せるにはどうすればよいのか．手立ても見通しも皆無のなかでの出発だった．

越境する数学

　現象自体を起点として「数学」外と協働する場所を求めて北海道大学の電子研に移った西浦は，90 年代の後半をもっぱらこの研究に当てた．とりあえず，問題の反応拡散方程式のわかる限りの解をすべて集めて分岐ダイヤグラムを作ってみると，さまざまな解のサドル・ノードと呼ばれる特異点全体がある幾何構造をなしていることが判明．そして，西浦がオルガナイジング・

センターと呼ぶこの構造が，このような現象の駆動力になっていることがわかったのだった.

　西浦はさらに，従来扱われてきた二者間の緩い相互作用ではなく，双方のアイデンティティー自体が揺らぐ強い相互作用——いわゆる「衝突」——についても研究を行ってきた.

　また，2012 年に材料科学への数学の深いコミットを目指す東北大学材料科学高等研究機構（AIMR，現在の材料科学高等研究所）に乞われて移ると，若い研究者を励ましつつ，自身も新たな共同研究に着手した．なかでも最近は，ナノスケールの微粒子を扱う化学者，藪浩と協働して三者関係が生み出す面白いパターンを作り出すことにはまっているという．三者とは，2 種類のポリマー（繋がって微粒子になっている）とそれを囲む水のことで，水という第三者が加わることにより，各ポリマーの親水性や疎水性に応じてさまざまなパターンが生じるのである．実際，西浦が数理モデルに基づいて，こんなパターンができるかと問うと，藪がえいやっ！とそのパターンを作ってみせると

東北大学材料科学高等研究所数学連携グループの若手研究者と共に

いうのだから，まさに昔からやりたかった「物作り」を数学で行っているようなものだ.

　そのいっぽうで西浦は，数学が諸科学における「道具」や「技術の裏方」ではなく，理解できない対象の核心を切り出す「見方」や考える際の枠組みを与えるものである，という信念の元に，科学技術振興機構（JST）の「数学と諸分野の協働によるブレークスルーの探索」の研究総括として，さまざまな「数学の多領域への侵略」活動を後押ししてきた.（2022 年追記：現在は数学と社会をつなぐ「コモンズの数学」を提唱している.）

　「高校では先のことなどわからなかったし……大学では勉強以外のことをいろいろやって……院に絶対に進む！と決めていたわけでもなく……気がついたら研究者になっていた」と本人はいうが，これまでの足跡自体が，西浦自身の意思と意図を何より雄弁に語っている.

　プーシキンを原語で読むために大学でロシア語を選択し，エッセイストで画家の辻まことのしなやかで自然な有り様に強く惹かれ，研究以外の事柄にも幅広い関心を持ち続ける西浦，その次なる「転」は，いったい何になるのだろう.

「現代数学」2018 年 6 月号 収録

西浦廉政（にしうら・やすまさ）

1950 年大阪府大阪市生まれ．京都大学理学部卒．理学博士．広島大学教授，北海道大学電子科学研究所教授，2003 年–2005 年同研究所所長などを経て，2012 年–2016 年 3 月東北大学原子分子材料科学高等研究機構（WPI-AIMR）主任研究者・教授．2016 年 4 月–2019 年 9 月東北大学材料科学高等研究所特任教授．2016 年より北海道大学名誉教授，2022 年北海道大学卓越教授．2022 年より中部大学客員教授・創発学術院頭脳循環プログラム教授．2002 年日本数学会賞秋季賞，2012 年文部科学大臣表彰科学技術賞，2016 年日本応用数理学会論文賞，2017 年明治大学先端数理科学インスティテュート現象数理学三村賞，2021 年日本応用数理学会業績賞を受賞．専門は応用数学.

中島さち子

高校時代，国際数学オリンピックで金，銀メダルを受賞．大学で数学を専攻したが，卒業後はジャズピアニストになった．「数学と他分野をつなぐ架け橋になりたい」．現在は，音楽活動だけでなく，ワークショップなどを通して数学教育に情熱を注ぐ．数学の面白さ，すばらしさを熟知しているからこそ，五感を使って子どもたちに伝えたいのだ．そのためには自分が止まったままではいけない．この秋，新たな挑戦を始める．

昔から一つの問題をじっくり考えるのが好きだった．特に中三のときには，数学にどっぷりはまった．

$$(1+4\sqrt[3]{2}-4\sqrt[3]{4})^n = a_n+b_n\sqrt[3]{2}+c_n\sqrt[3]{4}$$

$$(a_n,b_n,c_n\ :整数)$$

のとき，どんな n についても $c_n \neq 0$ を示せ．

ある日，『大学への数学』でピーター・フランクル氏による「今月の宿題」に載っていた問題だ．失敗やいろんな予想を立てては崩れるという経験を繰り返しながら1カ月間，寝ても覚めても考え続けた．「本質は何か」と問い続け，締め切り日にやっと解けたのを覚えている．でも解けたことよりも，1カ月間考え続けた自分が誇らしかったし自信になったという．

同じころ，数学者の伯父が『数論の3つの真珠』という本の英語版をくれた．第1章には「ファン・デル・ヴェルデンの定理」が載っていた．初等的な定理だが，理解するのは容易ではない．これも1カ月かけて読み込んだ．

高校で習う証明はせいぜい1ページ．でもこれは10ページを割いていた．証明にはいくつもの補題を組み合わせていかなけ

れればならない．論理が何段にも積み重なり最終的に一つの問題を解決していた．「数学の証明って，なんだか建築みたい」．しかも問題が解けたら終わりではない．理解した先にもっと深い世界があると予感した．高校に入って，その奥にある哲学的，構造的なものがとても神秘的に思えるようになった．

証明できてもしっくりこない

数学の面白さは，「ものごとが見えているようで見えていない．定義を理解し証明ができても，本当に分かっていないところにあるかもしれない」という．

たとえばオイラーの公式．$1+\frac{1}{2^2}+\frac{1}{3^2}+\frac{1}{4^2}+\cdots$の値が$\frac{\pi^2}{6}$になる．なぜ$\pi$が出てくるのか．論理を追ってきちんと証明できても，どこか「まだ素数とπの自然な関係が十分には見えていないのではないか」という思いにとらわれる．これは，親しい間柄の人間でも「本当は彼・彼女のことがまだよく分かっていないのではないか」と，ふと思うような感覚に似ている．

東京ガーデンテラス紀尾井町にて

　素因数分解も，考えている数の世界を変えると，素因数分解のやり方は一つではなくなったりする．どこかに注目してルールや視点を決めるから答えが一つに定まるのであり，逆にいえば視点の持ち方は自由なのだ．

　この自由性は音楽に通じるという．発見すること，つくること．その試行錯誤も面白い．

　ジャズの世界では，常に新しい発見や発明を模索していないと心躍る音楽にはならない．「ここの一拍を前にずらすとどんな音楽になるだろうか」といった具合に自由な視点を持っていなければ，新しい音楽を生み出すことはできないし，感動できる音色にはならない．

　聴く人を感動させられる音色の鍵はどこにあるのか．いろいろな視点，考え方，アプローチを試し，しっくりくる表現を探す．そしてその表現にたどり着いたとしても，そこで安住できないのでさらに探究する．自分がこれまでどういうプロセスをたどってきたか，尊敬するアーティストと何が違うのかを考える．

　モーツァルトの曲にはモーツァルトたらしめる何かがある．

ではどうすれば自分の曲といえるものをつくり出せるか．音は三角関数でできていて，リズムは時間軸の分割であり，メロディーは音高と時間と音量の空間中の絵（曲線）のようなもの．そうした要素が複雑に融合して，人の混沌とした感情や懐かしい情景を想起させ，感動を生む．ときには数学的な分析で音の美しさや不思議の背景にあるものが見えてくる．逆に数学の背景にも音楽的な美しさが潜んでいる．音楽も数学も似たようなところがたくさんあるのだ．

数学五輪で金，銀メダル

高校時代に出場した国際数学オリンピックでは人生観の変わる体験をした．高2の夏はインド，高3のときはアルゼンチンで大会があり，80カ国以上の高校生と交流した．インドでは学校に行かずに道で暮らす同年代の仲間もたくさんいて衝撃を受けた．アルゼンチンでは貧しいけれど，めちゃくちゃ明るい人たちに出会った．日本の文化や宗教について質問を受けたり，将来の夢を語り合ったりした．

とにかく笑顔一つでつながりあうことができ，人間同士が出会う楽しさを知った．それはやがて音楽の面白さを再認識することにもなる．

「音楽は実は混沌としていて割り切れなくて，人間的な部分が

大きい．その沸き上がる思いを，あえて言葉でなく音で表現しているのがジャズなのです」

東大に入学し，サークルレベルで音楽活動を始めた．ジャズライブを見に行き，奥深さにはまった．「躍動的に絡み合うアンサンブルをつかみたい」とジャズ研に入り，セッションも楽しんだ．

3年になると，昼は数学に打ち込み，夜はセッションハウスでピアノを弾いた．やればやるほど音楽が絡み合いのめり込んだ．4年のときには2つのバンドを掛け持ちした．自由で振り切れるくらいのモダンジャズを体験する一方，音を間引いて間を大切にしながら建築のように曲を作り上げるアーマッド・ジャマルの音楽に感銘を受けた．

「もう少し音楽に集中したい」．その思いから大学院入試を受けるのをやめ，ライブハウスに打診し，同年代のプロ演奏家と共に演奏と作曲活動を始めた．

音楽家として活動しジャズの世界にどっぷりつかっていた2010年，ライブを見に来てくれた東洋大の小山信也先生から三冊の本をプレゼントされた．『素数からゼータへ，そしてカオスへ』『絶対数学』『多重三角関数論講義』．読んでみるとやはりとても面白く，数論関係の最前線の研究を感じ取ることができた．中高生に位相幾何学や整数論など現代数学を教える河合塾K会の講師としては数学にかかわり続けていたが，「数学をやるのだったら，ジャズ同様，研究（創造）が絶対面白い」との思いが再燃した．

五感を使って伝える

数学の面白さをかみ砕き，五感を使って体験できるようにしたのが，親子を対象としたワークショップだ．自分なりに発見し，気付く喜びを体験してもらいたいと思う．

最近では「数学 × 音楽」「数学 × デザイン」「数学 × スポー

ツ」といった他分野とコラボしたワークショップも開く．企業とコラボした「数学×タグラグビー」では，盤上に数理モデル化したゲームを展開し，数学的に戦略や戦術を考え，実際のタグラグビーゲームに生かす．数学的な視点を持ち込み，連動させることで新たな視点を見つける．いろいろな身体経験を言語化し応用力につなげ，ときにショートカットもできる．また，より多くの女性に数学の魅力を届けたいという思いから，東大の佐々田槙子准教授らと共に「数理女子ワークショップ」も開催している．こうした多彩で横断的なワークショップには母校の東大大学院数理科学研究科なども協力．サポーターとして大学院・博士の学生や社会人も多数参加している．サイエンス，テクノロジー，エンターテインメント，芸術……．異分野とのコラボは新たな知見や動きを生み出している．

自分磨きへの挑戦

　自身の持ち味は「しつこさ」だという．もっといえば，試行錯誤や悪戦苦闘を楽しめる性格なのだ．何か行動を起こすときは自分の心の声に耳を傾け，従う．できるかどうかでは判断しない．面白そうか，好きかだ．

　9月からは2年間の予定で米国に留学する．ニューヨーク大学で「インタラクティブ・テレコミュニケーションズ・プログラム」を学ぶ．

　「創造的な教育をしたいので，創造的な人間でいたい．そのためには自分自身を磨かなければならない」．現在のワークショップなどでは，自身の持つ知識や経験からのアウトプットが中心だが，もう少し自分という入れ物を広げ，スキルや情報を増やしたいという．ものの見方を広げ，表現の幅も広げたいのだ．

　ニューヨーク大では，音楽だけではないアートやテクノロ

ジー（VR／AR／機械学習／AIなど）のスキルを身に付ける. 芸術が芸術だけで閉じない, 双方向性のアートを目指す. そうなれば客とアーティストとの関係性も変わるかもしれない. 音楽自体の定義も広がり, 聴覚だけでなく, 五感相互に作用し体験するものになるだろう. そんな未来を頭に描く.

「21世紀はルネサンス期に似たような, わくわく感や混沌が広がる時代だと思う. 西洋的な視点も, 東洋的な視点も, 数学も, 音楽も, 物理も, 宇宙工学も, 絵画も, ごっちゃになってつながり広がるのではないか. また数学の本質的な情景をアートや音楽を通じて表現することも, もっと模索したい」

インターネットでは, 過去にあったことや現在分かっていることは検索できても, 過去にない視点や知見からの答えは導き出せない. 人間の特権は「クリエイティビティ」. AIはいずれ感情や共感, 人格などを持つかもしれない. だけど, しばらくは人間の楽しい時代が続くと信じている.

「人生はきっと一度きり. だから面白いことをする」. 自分が成長しながら, 面白いと思うことを深く理解して, つなげて, 新しいものを生み出す. それがやりたいことなのだ.

2年後, ますますパワーアップして, いろいろな分野を取り込んだ豊かな世界を見せてくれるはずだ.

「現代数学」2018 年 8 月号収録

中島さち子（なかじま・さちこ）

1979 年大阪生まれ. 1996 年国際数学オリンピック金メダル獲得. 2002 年東京大学理学部数学科卒業. 17 年（株）steAm 創設. 絵本『タイショウ星の不思議な絵』（文研出版）『音楽から聴こえる数学（CD付）』（講談社）や CD などリリース. 経産省『未来の教室』事業や文科省・経産省の教育関連委員会も多数関わる. 18 年内閣府 STEM Girls Ambassador, 20 年大阪・関西万博テーマ事業プロデューサーに就任. フルブライター. 一児の母.

正 宗 淳

文＝内村直之

波動方程式，拡散方程式，そしてラプラス方程式といろいろな偏微分方程式に出てくる微分作用素「ラプラシアンΔ」は，不思議な存在である．たとえば，解析学と幾何学を大きく結ぶ存在がそれであるというのだ．ラプラシアンに魅せられ，ミクロとマクロを結ぶという数学者の夢はどこへいくのか．

「非完備多様体上のラプラシアン Δ はいつ本質的に自己共役か？」

東北大学大学院修士課程に入った正宗淳を指導していた砂田利一は，こんな問題が「大事」と話した．どちらともつかない方向性とぼんやりしたゴールを示すだけなのである．そういわれても，知識もない，経験もない，どうしていいか……しかし，数学する手を動かしている間に，だんだんその感じがつかめてくる……．数学を体験する現場である．

「数学者として大事なことはなにか？」．あるとき，こんな質問を砂田に投げたことがある．少し間を持って，砂田は「なにが自然か，と感じ取る力」と答えた．不自然なように見ずに，捻じ曲げて考えずに，ありのままに数学を見るとき，向こうから語りかけてくるのかもしれない．「数学はそうできているのだよ」．そんな言葉を受け取る感性を持つことが数学を愛する者にとって大切だというのだ．

気になる問題に対し，自分の力でストーリーをたて，証明する戦略を練っていく．道筋の急所急所を押さえながら，「これは大丈夫」と思えるところは後回しにしてもいいだろう……数学

する技術はだんだん身についてきたようだ．考える切り口は自然か？取り組んでいる方法は自然か？自ら得た結果はどうだろう？……．脇目も振らず，どっぷりと問題に漬かった2年間だったという．そういう数学のやり方が自分に合っていると正宗は感じた．「研究とはやるべきものなのだ」．たどり着いた場所は，さらに開かれていた．

あこがれの世界へ

周囲には科学の世界に触れている人が多い幼少期だったという．父は化学会社に務めており，叔父は米マサチューセッツ工科大学の化学者，さかのぼれば祖父は東北大に務めた医学者だった．

「父たちも数学へのあこがれがあったようなのですが，祖父に『あれはうんと若いうちに結果を出せないと……』と，おどかされて諦めたらしい．私が『数学』と思ったとき，祖父はもうこの

世にいなかった」.

　カナダの小学校のモンテッソーリ教育で自発性を刺激され，日本に帰った．小中と算数，数学で計算を楽しむ少年だったが，それだけということはなかった．塾などにはいかず，近所の少年たちと野球チームを作って試合ばかりしていたという．「投手」だったのに，残念ながら肘と肩を壊して途中で諦めざるを得なかった．

　いつからか，数学があこがれとなり，ずっとやることは決めていた．中央大学理工学部数学科に入って勉強を始めた．ここでいい出会いがあった．保型形式の研究など数論・代数学で知られた百瀬文之と一対一のセミナーをしたのだ．ホモロジー群の計算などに取り組んだというが，数学の内容を超えて，百瀬

のことばそのものが耳に残っている．「好きなことを思う存分，やるだけやってみるのがいいのではないかな．たとえ，失敗しても気持ち良さは残るでしょう」．それはいまだに，正宗の行動原理となっている．

解析と幾何を結ぶ数学

　勉強するうちに，スペクトル幾何に興味がわいてきた．

　1966年，米国の数学者マーク・カッツが発表した「太鼓の形は聞けるか？（Can one hear the shape of a drum?）」というわかりやすいタイトルの論文で世界の数学者の間で盛り上がった問題だ．太鼓の話を続けれ

ば,「同じ音を出す太鼓は同じ形だろうか?」という目に見える問いである. 数学的にいえば, ある2つの領域でのラプラシアン Δ の固有値問題を解析的に解いて, その固有値(スペクトル)が一致したら, もともとの領域の幾何学的特徴はすべて一致するだろうか, ということになる. 解析学と幾何学の不思議な対応がそこにある.

　同じスペクトルを持ちながら幾何学的な形が違うという例はいくつか見つかっていた. 1983年, 砂田はリーマンのゼータ関数から発想する数論的アイデアを固有値問題に応用して, 同じスペクトルを持つ別の幾何学的な形の例を自由に構成できる一般的な方法を作り, 世界中に知られるようになった.

東工大でおこなわれた砂田のセミナーに正宗は潜り込み，スペクトル幾何の最前線に触れた．「そのときは，さっぱりわからなかったのですが，その数学には，なにか，深いものがありそうだなと直感しました」．東北大学の大学院に進学して砂田の門をたたくきっかけとなった．そこは，砂田のほか，後に指導を受ける浦川肇らがいて，スペクトル幾何研究の日本の中心のひとつとなっていた．

　冒頭の問題は，ラプラシアンの自己共役なものは一般に複数あるが，ある状況ではひとつに限られるという．どういう場合にそうなるか，ということだった．そこに結論をつけた正宗は，博士課程では次の段階を求め，情報科学研究科の浦川の指導を受けることにした．同じスペクトル幾何研究でも，砂田とはまた一味違うところに魅力を感じた．浦川の研究におけるスローガンは「社会の問題に挑戦する，イノベーションを起こす数学の重要性」だった．これが今の正宗の数学に結びついてくる．

数学的二重生活

　「今どんな数学を？」と聞くと，「二重生活を送っているんですよ」と答える．基本的な興味は「ミクロな情報が，どのように広がってマクロな構造を作るかということを解明する数学」なのだが，具体的な問題として2つを抱えている．

　ひとつは，大学院時代のテーマであるラプラシアンを含む拡散方程式にからむブラウン運動の問題だ．

　「アインシュタインが1905年から07年に創始した『ランダム運動をする粒子はマクロに見ると拡散方程式に従う』というブラウン運動の問題から，拡散する動きの特徴とその空間の幾何学の特徴が関係するという新たな興味深い問題が出てきた．これが実に美しくて面白い」．

　ブラウン運動をしている粒子が，ある条件下では有限の時間内に無限の彼方へ飛び去ってしまうという不思議な現象が起こることが示されている．ミクロな運動が，空間のマクロな幾何学的特徴とどう関係するのか，確率論，微分方程式，多様体上の幾何学，関数解析などいろいろな数学を駆使して挑んでいるという．

　もう一つの「生活」は，工学との関係が深い「均質化法」の研究だ．コンクリートの中にたくさんの隙間があるといった不均質な複合材料は世の中に山ほどある．その性質をうまく知るために，不均質なものを等価な均質的なモデルと置き換えるにはどうしたらいいかというかなり現実的な問題が「均質化法」だ．ところが，これが数学者の興味を引き続けている．

　「浦川先生に指導を受けているころから興味があったのですが，イタリアに行ったときに出会ったローマ大のウンベルト・モスコ先生が均質化法の数学について研究されていたのです」

　その数学的なアイデアは，不均質な複雑さをもっと推し進めて極限にすれば，無限に小さな不均質さを無限に持つものになり，これは均質だといってしまえる性質を持つこと，という．仮想的により複雑にしていくとき，その「変換列」は知ることができ，さらに無限にいったときの状況も捕まえられれば，例え

ば熱の分布のような全体構造もわかる．

　ミクロとマクロの関係が捕まえられるという意味では，ブラウン運動とも共通の興味がある．「実にかっこいいアイデアでした」と正宗はいう．実際の研究では，実際のものについて調べている工学者とのやり取りがしょっちゅうだが，「学ぶところが多い」そうだ．さらに，数学の役割として，解があることをきちんと保証するなど実用の役に立つ出番は少なくない．指導を受けた浦川の「イノベーティブな数学」そのものである．

　イタリア，英国，米国と長く海外で数学と教育，研究に携わってきた．その実体験から，北海道でいろいろなことを考えている．

　「最初に職を得た南イタリアのバジリカータ大学は，数学に関する書物や雑誌がほとんどないところ．あるのは MathSciNet だけ．だから，既知の結果でも自分で証明を考えたり，数学の道具を自分で作ったりしなければならなかった．その回り道が，泥の中に手を突っ込んで何かを汲み取ったり，手を動かして自分なりの見方を作ったりする今のスタイルの確立につながった」．

　数学で一番大事なのは，まとまった時間，こまぎれでないものを考えるのに十分な時間だ．「西欧の多くの大学では，講義も大学業務も一切ない期間が2，3ヶ月もある．そこで，研究の核を作れる．日本でもそれを学びたいですね．学生のレベルを見ると世界的に高いのだから……」．　**「現代数学」2018 年 9 月号収録**

正宗 淳 (まさむね・じゅん)

1970 年生まれ．中央大学理工学部数学科から東北大学大学院情報科学研究科博士課程を 99 年に終了．イタリア・バジリカータ大，ローマ大，英国インペリアル・カレッジ，米国ウスター工科大，ペンシルバニア州立大を経て，2013 年東北大大学院准教授，16 年北海道大学理学研究院数学部門教授を経て，22 年から東北大学大学院理学研究科教授．

伊藤哲史

山に登るには，ロープウェイで一気に頂上に到達して
しまう登り方もあれば，一歩一歩，山道を踏みしめな
がら登っていくやり方もある．
数学の楽しみ方も同じだ．伊藤哲史さんは後者にこそ
「数学の面白さ」があるという．

　神奈川県川崎市の郊外で育った．男ばかり4人兄弟の長男
で，祖父は梨農家を営み，父は富士通研究所の半導体の研究者
だった．その父の姿を見て，"新しいもの"をつくりだす仕事への
あこがれが，哲史少年のこころに芽生えた．

　筑波大学附属駒場中学校（筑駒）に進学．自由な校風との評判
を聞いて，自分に合っていると考えたのだ．入学祝いにパソコン
を買ってもらった（もちろん富士通製）．同時にパーソナルコン
ピュータ研究部（パ研）に所属．Windowsもインターネットも普
及していなかった時代である．自分たちでプログラムをつくり，
ゲームで遊んだりした．とくに当時の大きな問題は，たとえば富
士通製とNEC製のパソコンとのあいだの"互換性"の壁だった
が，それをいかに乗り越えるか，一つのプログラムが両方で動く
ような工夫を，パ研の仲間と考えた．旺文社主催のプログラミ
ング・コンテストに応募し，賞品として最新式のパソコン2台
を獲得．プログラミングに熱中した中高時代だった．

　筑駒の高2のとき第6回国際情報オリンピック（スウェーデ
ン大会）に日本初の選手として参加（銀メダル受賞），そして高
3の第7回オランダ大会で日本初の金メダルを受賞した．

数学の研究者になりたい

　中学・高校の同級生で，仲の好い友人に吉田輝義さんがいた．国際数学オリンピックで日本代表に選ばれるほど，抜群に数学ができた．

　その影響もあったのだろうか，数学に対する関心が次第に広く大きくなり，数学オリンピック財団主催のセミナーや，大学で開催される公開講座などに参加するようになった．そのなかで，とくに鈴木晋一先生の「結び目理論」，中島匠一先生の「整数論（ガウスの和と相互法則の理論）」に強い印象を受けた．高2〜高3のころには，アンドリュー・ワイルズによる「フェルマーの最終定理の解決」がマスコミをにぎわせた．早稲田大学で開かれた足立恒雄先生の公開講座に足を運び，その講義で楕円曲線や保型形式のことを知った．

　このように高校数学レベルよりも進んだ数学に触れ，数学オリンピックのセミナーなどで数学好きの同世代の人たちからも大きな刺激を受けるうちに，しだいに「将来は数学の研究者になりたい」と考えるようになった．

大学生となって

　数学の研究者をめざして東京大学理科一類に入学．1年生から2年生にかけて，吉田輝義さんをリーダーに，同級生数人とファン・デル・ヴェルデン『現代代数学』やアルフォース『複素解析』をはじめ，何冊かの本を輪講した．将来の研究に役立つように，数学書はできるだけ原書で読むことを心がけた．また「幾何学を勉強したい」との強い関心から，フランダース『微分形式の理論』やボット-トゥー『微分形式と代数トポロジー』を読んだ．当時流行していたゲージ理論や4次元トポロジーの専門書にも挑戦したが，こちらはページをめくっただけだった．楕円曲線やフェルマーの最終定理をまなびたいという気持ちも持ち続けており，シルヴァーマン『楕円曲線の数論』なども読んだ．

　また2年のときには，東大数学科で行われていたいくつもの講義に勝手にもぐりこんで聴講した．当時は東大数学科が本郷から駒場に移転した直後であり，駒場キャンパスの端に行けば高度な数学がいくらでも勉強できるという，伊藤さんにとっては夢のような状況だった．そのため，いざ3年生で数学科に進学すると，もはや取るべき講義がほとんどなかったという．

　こうして見てくると，伊藤さんの自己教育力の強さ・自由さに驚かされる．学校から与えられるカリキュラムに沿うのでは

なく，それをはるかに超えて，自らの関心に促されつつ，貪欲にまなんでいくのである．

飛び級で大学院へ

3年が修了したとき，同級の吉田輝義さん，勝良健史さんとともに，大学院修士課程に進学することとなる．すなわち「飛び級」である．制度としては以前から存在したが，実際に飛び級する人はほとんどいなかった．

大学院では数論幾何学を本格的にまなび研究することを目的として，斎藤毅先生に就いた．親友の吉田さんは加藤和也先生に就いたが，斎藤先生が加藤先生の弟子だったこともあり，セミナーは合同で開催された．斎藤先生の海外出張のあいだは，加藤先生からも指導を受けた．

「次から次へと勉強することが多すぎて，怒濤のように過ぎた修士時代だった」とふりかえる．

しかし，そのような中で「自分の研究すべきテーマを，自分で見つけていかなくてはならない」．修士論文は，$K3$曲面の一種であるクンマー曲面の整数論的な研究と，カラビ－ヤウ多様体のホッジ数の整数論的な研究，数論幾何の未解決問題である「ウェイト・モノドロミー予想」に関するテーマでまとめた．$K3$曲面とは，3人の数学者クンマー，ケーラー，小平邦彦にちなんで名付けられた曲面である．当時，$K3$曲面は代数幾何学では常識的な研究対象だったが，整数論の立場からの研究はまだほとんどなされていなかった．だからこそ選んだのだが，できることにはまだ限界があったという．

そして博士課程2年で「p進一意化をもつ代数多様体のウェイト・モノドロミー予想」についての研究で学位論文を提出し，博士課程を修了することとなる．

数論幾何学の魅力とは？

その後，伊藤さんは数論幾何学の研究者として歩んでいるのだが，最近，大学院生を指導するなかで，また $K3$ 曲面について考えているという．修士論文を書いたころにはできなかったことが，10 年，15 年と経って理論や技術が進歩し，できることが増えてきているのだ．

「私が修士の学生の頃は，$K3$ 曲面の整数論はまだまだ未開の地でした．代数幾何学や数理物理学の立場から $K3$ 曲面を研究する人はたくさんいましたが，その研究は整数論的な動機とは無縁な感じだった．ところが最近では，幾何学的な方法と整数論的な方法を組み合わせて，$K3$ 曲面について整数論的に面白いことができるようになってきています．私が $K3$ 曲面に出会ってからまだ 20 年くらいしか経っていません．2000 年間続く数学の歴史の中ではほんの少しの時間です．それでも数学の大きな進歩を感じます．最近，伊藤和広さん（京大数学教室；現東大IPMU）や越川皓永さん（京大数理研）と一緒に $K3$ 曲面の虚数乗法論や有限体上の $K3$ 曲面の積のテイト予想について共同研究を行っています．なんだか昔にもどった感じです」

そう述懐した伊藤さんは，続けて

「学部生のころから整数論にも幾何学にも興味があって勉強してきた．幾何学を応用することで整数論的に面白いことが証明できるし，逆に，整数論の道具を使うことで幾何学的に新しいことが証明できたりする．それが面白い」と語った．

数学の面白さを伝えたい

京都大学では数年前より MOOC（ムーク，大規模オープン・オンライン講義 Massive Open Online Courses）という事業に取

り組んでいる（注：現在は休止中）．KyotoUx と名付けられている
が，京都大の教師によるさまざまな講義をインターネットで配
信し，登録した人が無料で受講できるというものだ．世界中の
人が対象だから，講義はもちろん英語で行われる．受講者の年
齢層も幅広く，下は 10 歳から上は 80 歳までいるという．

　伊藤さんは MOOC で数学の講義を担当しており，素数をテー
マにした《Fun with Prime Numbers：The Mysterious World of
Mathematics》が 2016 年より配信がはじまった（現在は《More
Fun with Prime Numbers》が配信中）．

　内容はつぎのようなものである．

［Week 1］ What are Prime Numbers?
［Week 2］ Sums of Two Squares
［Week 3］ The Reciprocity Laws
［Week 4］ Prime Numbers and Cryptography
［Week 5］ Mystery of Prime Numbers：
　　　　　 Past, Present, and Future

　ユークリッドによる素数が無限に存在する証明の話から，ガ
ウス，オイラー，リーマンをはじめ，素数をめぐる深遠で興味
深いたくさんの話題を経て，暗号理論やバーチ - スウィナート
ン = ダイヤー予想，そして最新の ABC 予想まで，多彩で壮大
な内容だ．

各Weekで は 必 ずProblemやHomeworkが 課 さ れ，Homeworkについては翌週に解説動画が流される.

　この講義の目的について，伊藤さんはつぎの３つを挙げている.

（１）　数学の面白さ・楽しさを伝えたい.

（２）　数学の技術や知識（たとえば問題の解法や公式を使った計算技術など）を伝えたい.

（３）　数学は2000年来続いている学問であり，基本は変わっていないように見えるが，それでも未解決問題が解決されるなど，少しずつ進展している．その様子を伝えたい.

　ここで伊藤さんのいう「数学の楽しさ・面白さ」とは？ と尋ねてみた.

　「数学にはわかっていないことがまだたくさんあります．教科書や本を見ると，数学は完全にできあがった理論のように思えるかもしれません．しかしそんなことはない．完成された理論のほんのすぐそばには，未解明のことがいくつもある．それを発見し，解明していくことこそが楽しくて面白いのです」

　そのことを一人でも多くの人に伝えたいと，MOOCに限らず，学部学生向けの講義であれ，文系・理系を問わない１年生向けのセミナーであれ，一般の人向けの講演であれ，題材を工夫するなどして，さまざまな努力を続けている.

　これからの活躍が楽しみだ.　　　「現代数学」2018 年 10 月号 収録

伊藤哲史 (いとう・てつし)

1977 年神奈川県川崎市生まれ．99 年 3 月東京大学理学部数学科を 3 年生で中退し，4 月より同大学院数理科学研究科修士課程（数理科学専攻）に進学．2001 年博士課程に進み，03 年 3 月に修了．その後，日本学術振興会特別研究員を経て，07 年京都大学大学院理学研究科の助教となり，09 年より准教授．数理科学博士．専門は数論幾何学．03 年ボンのマックス・プランク研究所，07 年パリ高等科学研究所（IHES）に各 1 年間滞在．05 年日本数学会賞建部賢弘奨励賞を受賞.

舟木直久

文＝吉田宇一

昔は数学は一人でやるものと思っていたが，今は複数でワイワイやりながらするほうが実に楽しいしメリットも多い．

　覆水盆に返らず．起きてしまったことはもう元には戻らない．物事の時間発展を記述するニュートンの運動方程式は時間的には可逆な方程式であるにもかかわらず，なぜ世の現象は不可逆なのか．その1つの回答が，粒子1つ1つは可逆的な運動をしていても，多数の粒子が衝突を繰り返すことでやがて集団としては一方向に落ち着き，それが不可逆な現象を演出するというもの．それを記述する代表的な方程式としてボルツマン方程式があげられる．

　しかしながら，多粒子の衝突現象は複雑すぎて，それを厳密に扱うのは難しい．決定論的な方程式から数学的にきちんとボルツマン方程式を導出するのは不可能に近い．粒子の衝突現象をある種の確率過程と見れば，このような時間的に変動する状態を記述するのは大規模相互作用系や確率偏微分方程式であり，そこにはさまざまな困難が立ちはだかる．しかし今，一筋の光明がさしかけている．それが舟木直久さんたちの研究だ．

ここにたどりつくまで

　東大入試が中止になった翌1970年東京大学理科一類に入

学した舟木さんは，魅力を感じる物理学科に進むべきかあるいは数学科に進むべきかを決めかねていた．当時は大学院のオーバードクター問題が学生レベルにまで浸透し，とりわけ物理系の研究職への就職難は大きな話題になっていた．数学のほうがまだ余裕があるらしいとの噂もあって数学科に進学．

　4年生のゼミでは小松彦三郎先生の研究室に所属した．あるとき駒場の教養学部に所属されていた上野正先生による講義を聴く．粒子系の運動をどう数学的に記述するかという内容で，思わずこれこそ自分がやりたいことではないかと確信した．そこで大学院はそのまま本郷の理学系研究科に進んだものの，指導教官は上野先生を選び，ほとんど駒場に通うことになる．

　修士のゼミでは上野先生のほか，助教授の青本和彦先生，講師の高橋陽一郎先生が加わり，教師3人に対して院生1人という贅沢な環境だった．確率的輸送方程式や統計力学のくりこみ群がらみの論文を講読．舟木さんの修士論文は，ランダムな項がある1階の確率偏微分方程式についての研究．このときの問

題意識は今なお継続中だ.

　そのまま博士課程も上野研究室に進むが, D1を終えたところで, 広島大におられた田中洋先生から助手にこないかと誘われ, 77年に広島大に就職. その後名古屋大の飛田武幸先生の紹介もあり, わずか1年と10ヶ月で広島大を去り, 79年に名古屋大に同じ助手の身分で異動した.

物理学者との交流

　名古屋に移った頃, 伊藤清先生とも接する機会があった. 物理に近い確率論をやりたいと言ったら, おおいに鼓舞され励まされた. 伊藤先生自身が物理に惹かれ, また当時は確率微分方程式を無限次元に拡張した確率偏微分方程式に関心をもっておられたからだろうと舟木さんは振り返る. また80-82年頃, 京大数理解析研究所で,「確率過程論と開放系の統計力学」というテーマで数学と物理の人たちとの合同研究集会が開かれ, 異分野との交流の大切さを痛感. 舟木さん自身そこで初めて江沢洋 (学習院大), 鈴木増雄 (東大), 川崎恭治 (九大), 北原和夫 (静岡大), 豊田利幸 (名大) といった物理学者と知り合うことができた. そのときの川崎先生から聞いた確率偏微分方

程式の極限操作に関するコメントは今でも心に残り，研究の次のステップへと結びついた．

新たな展開へ

それまで物理でやられていたボルツマン方程式の導出は，ミクロに見れば，エルゴード定理を前提に，どこか曖昧な操作を経て導く．数学的に見れば，粒子の漸近独立性を仮定して，非平衡状態を表すボルツマン方程式を導いており，とても厳密なものではない．

ここで，微視的観点から巨視的観点へと転じて流体の動きを捉えたオイラー方程式に準じた操作が可能になる．すなわち「粒子のような微視的系から局所平衡状態を経て直接巨視的系へと導く操作」が流体力学極限である．この操作を施すことで，より数学的に厳密な扱いができる．舟木さんはこの方法で相互作用系や確率偏微分方程式の研究に新たな一歩を踏む．エントロピー法を使って非線形・非平衡の扱いに成功したのが，有名なクーラント数理科学研究所所属のインド出身のバラダン（S.R.S.Varadhan）たちである．

「流体力学極限」という用語は，イタリア人で物理出身の確率論研究者プレ

スッティ（Errico Presutti）らが初めて使ったもの（プレスッティ本人の弁）．異分野の人にはわかりづらいのか，研究発表に際し，まずその説明をしなければならないのが悩みと舟木さんは言うが，その出自から的を射た命名だと思っている．

一方，確率偏微分方程式のほうでは，KPZ（Kardar-Parisi-Zhang）方程式という大成功がある．KPZ方程式とは，無限大の発散項を含む非線形の確率偏微分方程式であり，時間的に変化する結晶の界面成長を記述する．その研究をリードしたハイラー（Martin Hairer）には2014年度のフィールズ賞が与えられた．

典型的な時間発展方程式というとギンツブルグ－ランダウ方程式（TDGL）があるが，TDGLの解は一般に超関数になる．2次元や3次元となると超関数の3次の項（超関数の積）があらわれ，とても厳密には扱えない．量子場の理論では，「くりこみ理論」を使ってこれを処理する．

ハイラーたちは，時間発展の系でありながらも，くりこみ理論の操作を数学的に厳密に扱い，解を求めることに成功した．

これからの課題

舟木さんが注目した「流体力学極限」というアイデアは，もともとは確率的に変動する外力を数学的に厳密に扱うアイデアからきている．今では，扱いが困難といわれてきた確率偏微分方程式の研究では無視できないものだ．

さらに多成分を持つ場合のKPZ，たとえば，運動量，密度などの保存量がある場合には，いくつかカップルした形でKPZ方程式が成り立つが，その場合に流体力学極限の手法がどう適用できるかは，未解決で興味深い．今，世界中の多くの人が取り組んでいる．

数学研究の楽しさ

　大学に入学すると，友人たちと自主ゼミをやりながら，深く数学を勉強したという人が多い．舟木さん自身はその頃，数学は一人でやるものという意識が強く，ほとんど独習だったという．しかし，年齢を重ねるにつれ，いろんな人とコミュニケーションをとることがいかに大事かに気づかされた．特にハンガリーのフリッツ（József Fritz）やドイツのシュポーン（Herbert Spohn）らとの共同研究は，その後の研究の基礎になっているという．KPZ の研究など，まさに共同研究なくしては進まない．進まないというよりも，そのほうが楽しい．具体的な計算は，

自分一人で計算する必要があるが、話したり聞いたりする間に思わぬヒントに気づくことが多々ある。

インターネットの時代だから、電子メールでも十分じゃないかと思われるかもしれない。でもメールで交換できるのは、もうだいたい考えがまとまって、それこそ数式で表現できるようなこと、大事なのはそこにいくまでの数式の背後にある考え方だ。それは直接会って、黒板に書きながら議論することからしか窺えない。

研究テーマがぴったり重なる日本人研究者がいなければ、海外を見渡せばきっといる。数学の場合には英語が得意かどうかなんて、それほど気にすることもない。黒板に書けばすぐに何のことだか理解してくれる。

また確率論の面白いところは、純粋に方程式の形や記号を見ているようでいて、どこかしら直感が働く。確率論を研究している人なら対象は違っても、ラプラシアンを見ただけで、ブラウン運動をイメージしているはず。複数で共同研究する数学の醍醐味がひしひしと感じられるこの頃と、舟木さんは笑顔で答える。

「現代数学」2018 年 11 月号収録

舟木直久（ふなき・ただひさ）

1951 年東京・調布生まれ。小中高は岡山で育つ。岡山朝日高校卒。1974 年東京大学理学部数学科卒。広島大学、名古屋大学を経て、95 年から東京大学大学院数理科学研究科教授に就任。2017 年定年退職後、2022 年 3 月まで早稲田大学理工学術院特任教授。理学博士。2002 年日本数学会解析学賞、2007 年日本数学会賞秋季賞。専門は確率解析学、数理物理学。

若 山 正 人

文 = 冨永 星

自らの興味の赴くところを大切にする素直な少年は，
多くの人が数学の勉強をやめる頃に，数学に目覚めた．
そして，大学理事として分刻みのスケジュールに追わ
れる今も，数学をその拠り所としている．

自学自習と数学への目覚め

　幼い頃は背伸びをするでもなく，好きなことを楽しむ素直な
子どもだった．地図が好きで持ち歩いていたくらいで，とくに
理科系が得意だったり数学が好きだったりしたわけではないが，
それでも特段には悪い点数を取ったことはなかったという．

　人並みに元気な男の子だった若山は，中学入学直後に友人とふ
ざけ，それがすぎた結果（建て直しが決まっていた）古い木造校
舎の羽目板に大穴を開けてしまう．懲らしめのつもりだったのか，
担任の数学教師は若山を授業から閉め出し，廊下磨きを命じた．
しかし若山は困って先生に泣きつくでもなく，試験の点数が特
に悪くなるでもなく，自発的に謝りに行こうとしたときに不幸な
行き違いがあったりもして，ついにその禁足が解かれることはな
かった．結局1年間に受けた数学の授業は最初の1週間だけだっ
たが，それを親に告げもせず……むしろこの自学自習の経験が，
後に独立独歩の道に踏み込む若山を後押ししたようにも思われる．

　地図好きだった若山は高校で地理学者を育てることを旨とす
る教師に見込まれ，3年次で文系クラスに入るも地理学方面での
大学受験に失敗．再受験を強く勧められたが，浪人生活をやり

通す自信もなく，なんとか点数だけは取れる数学と割に好きな物理の二科目で東京理科大に進学する．

　大学ではごく普通に講義外の生活を謳歌，写真部で山歩きに写真三昧の日々を送っていた．ところが2年生の冬にスキーで骨折し，生協書籍部で退屈しのぎに松島与三の『多様体入門』を手に取ったことから，卒然と数学の面白さに目覚める．多様体という耳慣れない名前に強い魅力を感じたのだ．そして数学書を小脇に写真部のたまり場がある神楽坂界隈をうろつくうちに，近くのパチンコ屋でそれと知らずに数学科の助手（後に弘前大学理事・副学長となる昆正博）に遭遇，昆の引き合わせで微分幾何の教授の研究室に出入りし始める．かくして，昆から渡された"Foundations of Differential Geometry"（通称「コバヤシ・ノミズ」．小林昭七，野水克己による微分幾何学の世界的名著，1960年代に刊行され2007年に日本数学会出版賞を受賞）に懸命に食らいつき，自ら数学の本を探しては読む日々が始まった．なかでも「コバヤシ・ノミズ」第2巻の対称空間の章には懸命に取り組んだという．やがてその教授の勧めで修士課程

に進むも，数学の面白さに魅了されるとともにその広さを感じ始めていた若山は，指導が十分すぎる教授とその専門のテンソル解析に興味を持てない自分に気づき，進学から半年程度で大学院の退学届を出したのだった．

杉浦先生への手紙，そして表現論へ

それでも——いやむしろそれによって——いったんかき立てられた数学研究への想い，「リー群をやりたい」という願いは増すばかり．思いあぐねた若山は，一面識もない東大教授杉浦光夫に宛てて，数学への熱い想いや大学院を退学しようとしている現状などを記した手紙を書き送った．便箋7枚にもわたる手紙を受けて，杉浦からは「すぐにいらっしゃい」という返事が届き，実際に会いにいくと，「これ，読めるでしょう？」といって高橋礼司のフランス語の表現論の論文を渡された．フランス語に触れたこともなかった若山は，そこから孤軍奮闘．一方杉浦は，すでに大学院をやめていた若山が研究者の道に進めるよう尽力し，毎週土曜日の無償の個人セミナーでは，当時の若山に欠けていた基礎的な数学の知識などの幅広く深い見識を授けてくれた．若山は，自分の数学は基礎をまんべんなく準備してから取り組む王道タイプではなく，感覚に訴えてきたものを突破口としてその都度必要なものを身につける変則的なタイプだというが，その始まりはこのあたりにあるのかもしれない．結局，杉浦の研究室に入ることは叶わなかったが，それでも若山は表現論的な意味での群のゼータ関数に関する論文をまとめ，無事研究者としてのデビューを果たしたのだった．

国際数学者会議京都大会（1990年）のサテライト会議の準備国際会議（1988年，名古屋大学）で初めて招待講演者として演壇に立った若山は，最前列に杉浦がいるのに気づくが，講演が終った数分後には，すでにその姿はなかった．それから数日，

杉浦から届いた葉書
には，昼過ぎに（東大
で）自分の講義があっ
たのでそのまま失礼し
たとの事情が認められ
ていた．後年若山がさ
まざまな批判を浴びつ
つ「マス・フォア・イ
ンダストリ」に取り組
み始めたときも，病床
の杉浦からは活動に賛
同する励ましの手紙や
葉書が届いたという．
　多様体論で数学の
面白さに目覚めた若山

の関心は元来幾何学にあり，なかでも対称性に関する幾何学に
取り組みたかった．だがリー群の幾何学での先端的研究はひど
く難しく論文も書きづらいだろうとの杉浦の指摘もあり，ちょ
うど非可換類体論を目指すラングランズ予想などがメイン・
テーマとして注目されて表現論が活況を呈し始めていたことも
あって，若山は徐々に研究の重心を表現論に移していく．

　一方で，杉浦の数論への関心に触発されてゼータ関数に興味
を持ち，さらに「〜のゼータ」と呼ばれる無限和＝無限積の形の
式がさまざまな分野で重要な役割を果たしている事実を知ると，
ゼータの虜になった．

　若山が20年来取り組んでいるスペクトルのゼータは，関数
等式も，オイラー積のような積の表示も一般には期待できない．
だが数論に現れるゼータ関数は素数や素イデアルなどの「素・元
となるもの」と繋がっており，一方で物理モデルのスペクトル・

ゼータ関数は物理現象とも繋がっている．それならリーマン・ゼータと調和振動子のようにこの繋がりがより直接的に見える仕組みを研究すれば，数の性質からある種の物理の見方を導くことができ，その逆も可能になるのでは？　今の自分の関心はそこにある，と若山はいう．

非可換調和振動子と量子ラビ模型

　数学は自然現象に縛られないので，一般化の方向は無限にあるといえる．たとえば（順序を変えても結果が変わらない）可換という条件を課せられた対象があれば，当然その条件を外した非可換の対象が考えられる．むろん一般化や抽象化は数学の重要な推進力なのだが，かといって闇雲に一般化すればよいわけでもない．なぜなら条件を外したために対象が広がりすぎて，ほぼ何もいえなくなったりするからだ．どの程度の非可換性を持たせれば——どこまで対称性を弱めれば——より広い範囲で新たな面白い数学を展開できるのか．ここで問われるのが，数学固有の価値観とセンスだ．

　物理で古くから研究されている調和振動という重要な概念を数学の世界に映すと，現実とは無関係な抽象概念に広げること

ができる．数学的には，可換な調和振動子に対してさまざまな非可換調和振動子を考えることができるから，非可換調和振動子というアイデア自体は決して突飛なものではない．

　若山は1996年にアルベルト・パルメジャーニというボローニャ大学の友人とともに複数の数学的動機から非可換調和振動子という数学モデルを考案し，そのスペクトルに関する性質を実解析的な手法で研究して論文にまとめた．論文の発表前からこの数学モデルに興味を持っていた九州大学の落合啓之は，これに対して若山とは別の複素解析的な手法によるアプローチを開始．いわば「何か数学的に面白そうな対象が地中に埋もれているようだ，実際その一部はこんなふうになっているぞ」という若山の呼びかけに対して，では違う角度から掘ってみよう，と考えたのだ．落合の研究によって，若山らの理論が別ルートで確認されただけではない．その後若山は，落合の研究の深化として，非可換調和振動子が量子光学（回路量子電磁気学，共振器量子電磁気学）のもっとも基本的なモデルである量子ラビ模型と上位概念という形で具体的に繋がっていることを発見する．量子ラビ模型は量子情報技術，特に量子コンピュータの構築のための基礎として，理論だけでなく実験研究でも重要な役割を果たしている．弱い対称性のみを残した数学モデルである非可換調和振動子が物理モデルとリンクしているということは，数学概念がじつは現実とつながっているということなのだ．

　一方，若山らの10年あまりの研究により，非可換調和振動子がそのスペクトル・ゼータを通して今でも多くの数学者を惹きつけてやまないモジュラー形式，楕円曲線，アペリ数やアイヒラー・コホモロジー群などの古典的な数論的対象と深く繋がっていることもわかっている．元来物理好きだった若山にとって，自分の発案になるこの数学モデルが物理の重要なモデルと結びついたことは大きな驚きでもあり，喜びでもあったという．

数学を拠り所として

　若山は，何によらず前例を墨守することなく自分にできる（若山にしかできないともいえる）ことをぐいぐい推し進めていく．産業数学の旗振り役と目されることになったのも，統計などの応用系への心理的な垣根が低かったのと，他分野との連携や数学の応用が数学と数学者の世界を豊かにするまっとうな活路たりうると思い至ったからだった．実際大学の内部組織の長としての若山は，広く大学や数学のあり方と意義を考え，自身の知恵と知識と人脈を駆使して，産業と連携した数学，マス・フォア・インダストリ研究所や九州大学オーストラリア分室の創設に関わってきた．

　大学を運営する側にまわったからといって数学をやめたわけではなく，この3月までは博士課程の学生を指導し，今も自身の研究を続けている．そしてしみじみ，数学をやってきてよかったと感じている．紙と鉛筆さえあれば一人でもできる数学，今や若山にとって，年に1回だけ確保している数学研究のための海外出張と激務の合間を縫っての数学研究が自分を保つための息抜きの場になっている．音楽や美術や山歩き，好きなものすべてを封印し，残されたのは数学だけ．それでも若山は，再び数学三昧で山を気ままに歩ける日々に備えて，通勤時間を活用し，毎日8000歩を歩いている．　　　**「現代数学」2018年12月号収録**

若山正人（わかやま・まさと）

1955年大阪市生まれ．1978年東京理科大学理学部数学科卒業．1985年広島大学理学研究科博士課程修了．1989年鳥取大学助教授，1995年プリンストン大学数学教室客員研究員，ボローニャ大学客員教授などを経て，1997年に九州大学教授．数理学研究院長・学府長，マス・フォア・インダストリ研究所初代所長，九州大学主幹教授を歴任．2014年より九州大学理事・副学長，マス・フォア・インダストリ研究所教授．〔追記〕2020年より東京理科大学副学長・理学部教授，JST・CRDS上席フェロー．2021年10月より，同上席のまま，NTT基礎数学研究センタ統括・数学研究プリンシパル．

三 松 佳 彦

文 = 亀井哲治郎

ENCOUNTERwithMATHEMATICS（EwM，数学との遭遇）という名の研究集会が，毎年何回か，中央大学で開催されている．ややレベルは高いが，関心があればだれでも出席することができる．濃密な勉強のあとは恒例のワイン・パーティ．——22 年間もこの企画を推進してきた数学者の思いとは？

小 6 で数学者をこころざす

　小学校・中学・高校の 12 年間を，東京都文京区大塚にある東京教育大学附属（のちに筑波大学附属）で過ごした．この学校は，自分の学問的関心を前面に出して自由に教える教師が多く，決してカリキュラム通りには進まない．生徒たちのほうも，自分の力で学び自由に自己を育んでいくという雰囲気に溢れていた．「何が大切なことか，学問をするとはどんなことかをわからせてくれる学校でした」という．スポーツも盛んで，三松少年は中学ではバスケットボール，高校ではサッカーに，文字どおりどっぷりと浸かっていた（サッカーは現在も継続中）．

　小学 6 年で「将来は数学者に」と心に期していた．そのきっかけは，算数を教わった窪田騰先生との出会いだった．

　「最も本質的なところを，生徒たちひとりひとりが考えをめぐらせて自分で気が付くまで，じっと待っているんです．いつまでも．それができるすばらしい先生でした」

　勉強するとは教えてもらうことではなく，自分で学び取ること，というわけだ．

　あるとき窪田先生から矢野健太郎著の新書本を薦められた．

　数学の歴史や数学者について書かれた物語をわくわくしながら読み，数学への関心が高まっていった．

　その後，東大理一から数学科に進み，駒場時代には加藤十吉先生，数学科と大学院では服部晶夫・田村一郎・森田茂之の諸先生に指導を受けた．そして，葉層構造（foliation）に関する研究で学位を得て数学者の道を歩むようになる．

　服部・田村・森田という，当時日本のトポロジーをリードしていた先生たちから受けた指導や影響については，三松さんの「数学を教えてくれない先生たち」（『数学まなびはじめ』第3集に収録）というエッセイに興味深く書かれているので，それを読んでいただくこととして，ここでは三松さんが22年前から取り組んでいる ENCOUNTERwithMATHEMATICS（EwM と略記）という，特筆すべき企画のことをご紹介したい．

EwM とは？

ENCOUNTERwithMATHEMATICS,《数学との遭遇》と名付けられた研究集会は，中央大理工学部を会場として，1996 年11 月から始まった．

第 1 回は「岩澤理論と FERMAT 予想」をテーマに，加藤和也・百瀬文之・藤原一宏の 3 氏が講演した．

第 2 回は 1997 年 2 月，「幾何学者は物理学から何を学んだか」と題し，深谷賢治・古田幹雄の 2 氏．

第 3 回は同年 5 月，「粘性解理論への招待」として，石井仁司・儀我美一・小池茂昭・長井英生の 4 氏．

それぞれの講演は決して入門レベルではない．講演者は「非専門のプロの数学者」を想定して語ることが要請されている．そのほうがきっと"大きな流れ"がつかみやすくなるだろうし，大学院生には（しばしば学部学生にも）ちょうどよい勉強になるだろうというわけだ．

このようにして，毎年 4 回から少なくとも 2 回のペースで，2018 年暮れまでに 71 回もの EwM が行われてきた．そのテーマと講演者，内容の概略は以下で一覧することができる：

http://www.math.chuo-u.ac.jp/ENCwMATH/

企画にあたっては,「特定の分野にテーマが集中することを避け」,「up to date なテーマだけでなく, 古典的なものも取り上げる」というふうに気を配っている. これには中央大同僚の高倉樹さんや, 小野薫さん（京大数理解析研）, 太田啓史さん（名古屋大）といった人たちから大きな協力を得ている.

EwM を開催する目的について, 三松さんは次のように記したことがある.

「個々の数学者たちに豊かな数学的背景を有機的に築いてもらうための手助けとなることを願って企画されている」ものであり,「若い大学（院）生諸君が数学の豊かな土壌を身につけ, また我々のように（多少？）年をとった数学者たちも個々の数学的背景をより広く有機的なものとして新たな世代との対話ができるようになることを期待している」（『数学のたのしみ』No. 23, 2001 年 3 月）

あるいはまた, この EwM を積み重ねることによって「我々（私）自身にもっと広くて豊かな数学的背景・基盤を身に着けたい」とも（『数学通信』第 23 巻第 1 号, 2018 年 5 月）.

ここに登場する「豊かな数学的背景」や「有機的」「数学の豊かな土壌」といった表現は, 三松さんが EwM を発想する原点となった, フランス・リヨンでの経験に根ざすキーワードだ. そこで時間をすこし戻してみよう.

リヨンにて

　1994年早春から1年半，2012年1月から9ヵ月，三松さんはフランス・リヨンの高等師範学校（エコール・ノルマル・シュペリウール，ENS-Lyon）に滞在した．中央大の「在外研究員」制度を利用したのである．

　一度目の滞在は時間もたっぷりあったので，大学院生時代からの研究テーマである葉層構造や接触構造について，腰を据えてじっくりと研究を進めることができた．二度目の滞在のときは，かなり頻繁にアメリカやヨーロッパ各地（ミュンヘン，ボン，ベルリン，ポーランド，オランダ，イギリス，トゥールーズなど）に出張し，多くの数学者と交流した．

　そのような滞在のなかで感じたことは，フランスやヨーロッパの数学者たち個人個人がもっている数学的背景の広さ・豊かさ，そして知識の有機性であった．とくにエコール・ノルマルの学生たちの多くが，古典力学や解析力学の知識をしっかりと身に着けていることに，彼我の違いを痛感させられたという．ヨーロッパでは，数学文化を育む豊かな土壌づくりが，さまざ

まな形で行われているのだろう.

その具体例の一つが, リヨンで開催されていた Rencontres Mathématiques（RM, 数学との遭遇）という研究集会だ. トポロジストのE.ジス（E.Ghys）さんを中心として企画され, ほとんど毎月のように行われる. 三松さんはこれに何度か出席して, 強い感銘を受けた.

この集会では, 目新

高倉樹さんと. 中央大理工学部構内にて.

しい話題をいち早く取り上げるというのでなく, むしろ重要だと思われるテーマをじっくりと学ぶために, 金曜午後と土曜の一日半を使って, 5つの講演がゆったりと行われた. この集会で実際に講演経験のある坪井俊さんは, 5講演のうち「1,3,5番目の3つは同一講演者によるもので, 残りの2つは一応それをサポートするものという形を取っています. 1つの分野のトピックを理解しようとするときにはなかなかよい形式だと思いました」という（『数学』第44巻第1号, 1992年）.

三松さんはこの研究集会のやり方そのものに注目し, 「なんとかしてこれを日本でもやってみたい」と考えた. 数学文化の土壌づくりのささやかな一歩として.

そうして実現したのがEwMだった.

第1回のときから大きな関心を喚び, 毎回, 多数の参加者が集う. 多いときには200人を超えることも.

しかし，22年間も継続することは，並大抵のことではなかったろう．いまでは中央大数学教室の行事として位置づけられており，「大学院生（＋ときどき学部学生）諸君や職員の皆さんの絶大な協力のおかげで続けることができるのです」と，三松さんはしみじみと述懐する．

最近，思うこと

ところで，取材のなかで，三松さんの最近の感懐を聞くことができた．

「数学者として何とか研究ができると思えるようになったのは，じつは最近10年から15年前からで，それ以前はとてもそういう風ではありませんでした．よく"数学者は若いときにいいアイデアが見つかり，あとは……"というけれども，そうだとすると，すでに遅きに失していて，あまり何も見つけられてはおらず，何だかやっているだけなのかもしれません」

「ぼくは数学者というより本質的に幾何学者なんです．代数や解析のことでも，また教養の微積分でも，幾何学的に理解しないとわかった気がしないし，実際わからないみたいです」

これは「私の数学者としてのかなり強い特徴だと思います」と，三松さんはそう付け加えた．　　「現代数学」2019年1月号収録

三松佳彦（みつまつ・よしひこ）

1957年神戸市に生まれ，半年後に東京に転居．80年3月東京大学理学部数学科を卒業．4月より同大学院理学研究科修士課程に進学．82年博士課程に進み，85年3月に理学博士．86年4月より中央大学理工学部（数学科）専任講師，98年より教授．専門はトポロジー，とくに葉層構造論および接触・シンプレクティック幾何．94年3月より1年半，2012年に半年余り，フランス・リヨンの高等師範学校に滞在．96年秋よりENCOUNTERwithMATHEMATICS(EwM)を立ち上げ，現在も継続中．なお，EwMは2021年度日本数学会出版賞を受賞した．

大島利雄

文＝内村直之

「表現論は代数，解析，幾何の接点にあるからこそおもしろい」と，解析を基礎にした触れることのできる数学で分野を越境し，パソコン計算を駆使して時代を飛び越している．「アマチュアの数学といわれてうれしい」という真意は？

　東大数理科学研究科の玉原国際セミナーハウスで初めてお会いした．近くの湿原を何人かの数学者と散策したとき，「ワタスゲが咲いてますね．おお，ヒオウギアヤメが美しい．ここらにモウセンゴケが…あったあった！」と説明してもらった．小中高校時代から山歩きに親しみ，今でも年に数度のハイキングは欠かさない．

　ネイチャー系かと思えばそれだけではなかった．自分で考えてモノを作るのが小学生の頃から好きだった．神戸の灘中・高に通う頃は，大阪の電気街日本橋を歩き回り，真空管などの部品を手に入れては，自分で回路設計したFMラジオやステレオアンプを自作した．高校生のときは，入力した信号波を外力とする微分方程式が解けるアナログコンピュータ設計にも取り組んだ．計算処理の結果が目に見えるような状況に憧れたというが，さすがに部品をそろえるまではいかず設計のみに終わった．具体的なモノを好む性向はずっと続く．

　1967年，東京大学理科一類に入学，学生運動の盛んな時代で同級生たちとの議論も経験した．公害などの社会問題も気になる．そんな状況の中で，どこへ進んだらいいのだろうか……．

「他人に迷惑をかけることはしたくなかった，数学なら自分の好きなことやってもそういうことはないだろう」と考えた．モノづくりは好きだったが，工学部などでは，これまでのような勝手気ままはできそうにもないのはいやだった．

「運命」の解析へ進む

69年に数学科へ進学したころ，べつなところで数学者との付き合いもあった．東大生が大学受験生を指導する「東大学生文化指導会」を手伝う縁で藤田宏と出会ったのである．バナッハ空間で微積分を展開する仏語の数学書を藤田からもらって読んだ．抽象的な思考で切っていく代数よりは，応用志向の解析の方が向いているかな，と思ったという．4年セミナーは小松彦三郎についた．

振り返れば，新しい数学が発展するいい時期だったのだろう．1968年，佐藤超関数で世界的に有名になった佐藤幹夫は杉浦

光夫や小松らの運動で東大教養学部に職を得て，小松らと超関数に関するセミナーを行っていた．翌 69 年には東京で函数解析国際会議が開かれ，佐藤は代数解析・超局所解析の発端となる伝説の「層 C の理論」について講演をした．後に大島が学ぶ代数解析の道が着々と切り開かれていたのである．

　小松のセミナーでは，後に京都で佐藤スクールに参加する三輪哲二と一緒にレオン・エーレンプライスの本を読んだ．多変数関数論を使って線形微分方程式に関するいわゆる「エーレンプライスの基本原理」を述べた「大変な本」であった．「助手だった森本光生さんを交えながら三輪さんと読んでいったのですが，証明や補題はところどころ間違っているし，書いてあることの意味がわからない．でも大変勉強になりました」．

　大学院へ進んだころ，ちょうど，佐藤，柏原正樹，河合隆裕の三人が代数解析学のバイブルである講義録（通称 SKK）を

書いている最中だった．大島と三輪は，タイプ打ちされつつある原稿コピーを勉強するという幸運に恵まれた．夏には，三人のいる京都で勉強することもできた．「先生たちのポケットマネーで援助してもらったのは感激した」．

佐藤の印象を大島はこう語る．「質問をしても，他の人とは全く違う『あれ？』と思うようなことを返してくれるんです．質問事項とどう関係するのかこっちにはわからない．あとで考えると，ああ問題の本質だったんだと思わせる．佐藤先生にはそれが直感でわかるんですねえ」．

代数解析から表現論へ

偏微分方程式や接触幾何について修士論文を書くと，大島はすぐに東京大学理学部助手に採用された．河合や柏原とともに代数解析学の開拓に勤しんだ．そのころ，リー群の表現論を専門とする岡本清郷に出会った．これは大島が表現論へ手を伸ばすきっかけとなった．

それは1970年の仏・ニースの国際数学者会議でのヘルガソンの講演から提唱された予想だった．ラプラシアンの固有関数

に関する対称空間上の表現論に佐藤超関数が現れる場合があるが，それを一般化せよという内容で，群論的な方法ではうまくいかなかった．岡本は佐藤超関数に関するシンポジウムで出席していた日本の数学者たちに「解かないか？」と呼びかけた．岡本らのグループに柏原，大島が加わったチームができた．超関数から考えれば確定特異点型境界値問題として扱うのが自然だとわかってきた．

「岡本さんは，数学だけが大事というのではなく，『そのときやっていることが一番』という人．それがあるときは魚釣りだったりする．そういう自由な価値観を学びました」と大島は思い出す．勤務する広島大に集まると，まずはみんなで麻雀，一段落すると朝まで数学をした．ヘルガソン予想についての研究で，表現論という具体的な対象のある数学は大島の性に合った．「モノがあるのは大事」というのは小学校から続く基本的認識だろう．それが大島らしい数学を生む．

ヘルガソン予想に関する共同研究は，柏原，岡本らと6人の共著論文として1978年に出版された．この間に，大島は東大教養学部の助教授となり，リーマン対称空間の幾何学的実現について博士論文を提出している．「表現論は代数，解析，幾何の接点にある……」という方向性はできていた．

「自分のやり方で理解したいと，自分の頭で考えるんですね．すると，今までにない新しい結果がついでに出てくる」という大島は次のように書いている．

「アマチュアの数学では，先人の手法を学ぶ必要はないので，興味を持った疑問点や理論について自由に考えを巡らせることができます．私は勉強は嫌いだが考えることは好き……一つの分野を守る必要もないので，別の新しい問題に取り組むのも自由にできます」（東大数理科学研究科の『数理News』2007年2

号から).

パソコンの数式処理でより深く

2007年,大島は新しい研究を始める.表現論で重要な一般化した超幾何関数の大域的な性質について知りたいと思ったのだ.

数学公式集でガウスの超幾何関数はよく知られているが,それを原点としてさらに複雑で難しい関数がある.こういう関数が「わかる」ことは「その関数の必要な大域的情報が局所的情報や満たす微分方程式などから具体的にわかる」ことだ,と大島は考える.しかし,その性質を一般的に調べている数学者はいなかった.複雑な計算が立ちはだかっていたからだった.大島はパソコンの数式処理でこの壁を突破することを目論んだ.

モノづくりに興味があった大島とパソコンの付き合いは古い.プリンストン高等研究所から帰ってきた1980年,NECの8ビットパソコン「PC-8001」を買い込み,いじり始めた.マニュアルにない実験も重ね,ハードもソフトも隅から隅まで調べた.なんと電動タイプライターをコントロールする数学ワープロを

開発したのである．後にはレーザープリンター出力のソフトも作ったという．TeX のソースを美しく出力するために作ったソフト dviout（1990 年公開）は今でも使われている．パソコンによる数式処理ソフト REDUCE を「高級電卓」として数学研究に使ったのは 93 年だった．

有理関数係数の微分作用素の計算が行えるプログラムを開発，400 万個以上の例を計算して当初の予想を確かめ，証明につながった．やっているうちに，さらに一般的なフックス型常微分方程式でも大域的解析が可能ではないか，と思い始めた．

東大大学院数理科学研究科のマネージメントも勤めながら，大島は，注目する微分方程式の基本問題（方程式の構成／解の積分表示／べき級数表示／既約性の条件／接続公式……）をすべて構成的に計算できるシステムを日本発の数式処理ソフト Risa/Asir の上で実現した．微分作用素の計算など自作した関数は 400 を超え，すべてが誰でも使えるように公開されている．これには，周辺の人も驚いた．誰もやらなかった数学を，研究科長を務めながら仕上げたのだから……．退職の前年，200 ページという研究生活最長の論文をこのテーマで出版した．

数学といえば，抽象的思考と捉えがちだが，大島の数学はどこまでも具体的である．モノを愛する哲学が隅々まで染み渡っているからだろう．　　　　　**「現代数学」2019 年 2 月号収録**

大島利雄（おおしま・としお）

1948 年群馬県前橋市生まれ．東京大学理学部数学科卒業，同大学院修士課程を終了して，73 年に同大理学部助手．同教養学部助教授，プリンストン高等研究所研究員，同理学部助教授を経て，87 年から教授．2013 年，東京大学名誉教授，城西大学教授，2021 年から同大数理・データサイエンスセンター所長．「対称空間上の調和解析」で日本数学会彌永賞受賞（1985 年）．

芳 沢 光 雄

文 = 長谷川聖治

「『数学が嫌い』というのは本人だけの問題ではないんです．教える側が面白さを伝えられていない．子どもには気の毒なことです」．数学教育の改革に乗り出して四半世紀．国民の数学的能力の劣化は，科学技術力の衰退にボディブローのように効いてくるとの危機感は強い．それに立ち向かうチャレンジ精神はとどまることを知らない．

試行錯誤の重要性

「まずやってみることが大事．試行錯誤の中に真の理解がある」

キャンパスの木々が色づき始めた11月中旬，桜美林大リベラルアーツ学群（東京・町田市）の約50人の学生らに芳沢光雄は数学を学ぶ上で大事な姿勢を語り始めた．

1〜4年生まで誰もが履修できる，高校数学＋αの「数学概論」．身近な生活の体験などを通じて数学的な考え方，見方を身に着ける基礎講座だ．この日の「組合せと統計の入門」でも，「場合の数と樹形図」「あみだくじ」，ランダムに置かれた1から15までの数字を枠の中で順番に並べるパズル「15ゲーム」など実際に学生にやらせながら，講義を進めた．

「15ゲームは，規則正しく並べられる場合とできない場合がある．わかりましたか」

「ではできない場合はどんなケース？」

「それはあみだくじを使えばわかる．高等数学の偶置換，奇置換の一意性を実感できる」

自らの専門分野にも触れながら，数学の面白さを平易な言葉で説明する．「興味あれば弊著の『群論入門』（講談社ブルーバックス）を読んで」と通る声が教室に響く．

学生らの評判は絶大だ.「芳沢先生の授業はとてもわかりやすい. 数学の面白さがわかってきた」と男子学生. 履修届も出さずに聴講している学生もいる. 授業を聞いて, 長年の疑問が解消されて, 机の上で飛び跳ねた学生がいたとの逸話も語り継がれる.

2007 年に創設された同大リベラルアーツ学群の数学専攻の教授として招かれた芳沢. 数学の記述式試験を採用するなど入試改革にも取り組む. とにかく多忙だ.

数学専攻の離散数学などの専門教育, 3 年生のゼミ, 4 年生の卒業研究の相談・指導のほかに, 教職志望学生向けの教科教育, 教育実践演習. さらにはリカレント教育の一環として全学対象の数学概論, 就活学生向けの数的処理などを学ぶ「数の基礎理解」など前後期ともに週 9 コマ前後の講義を担当する. 飾らない人柄に質問の列は引きも切らない.

講義以外にも全国の教員研修会講師, 小学校から高校までの出前授業など土日なく駆け回り, 夜や休日は幼児, 一般向けの算数・数学の入門, 啓蒙書の執筆に当たる.

ここまで芳沢を掻き立てるものは何なのか.

「数学教育を立て直したい. 数学が得意でないと言う人に光を当てたい. 残念なことに数学の面白さに触れられなかった学生に奥深さを伝えたい. (社会に出る前の) 最後の砦という使命感」と返ってきた.

置換群など組合せ数学を専門とする研究サイドから，数学教育の改革に軸足を移すきっかけは，1990年代半ばの「ゆとり教育」の本格化．70年代以降，学習指導要領の改訂で，算数・数学の授業時数は減少し，学ぶ内容は大きく減少．90年代半ばになるとそれが顕著になってきた．本来，「考える」「試行錯誤をする」ことを学ぶ数学が，公式や解法の暗記に偏り，「数学嫌い」が増加する．大学生の学力低下，特に数学力低下が深刻な問題として叫ばれるようになった．数学者や教育者が集まり，数学の危機を訴えるシンポジウムが開かれたのもこのころだ．

そして，『分数ができない大学生』(西村和雄ら編，東洋経済新報社，1999年)の出版は，社会問題としても注目された．この執筆陣にも名を連ね，現場から報告した．しかし，いったん動き出した，ゆとり教育の流れは変わることはなかった．

「数学教育がこのままではおかしくなると思い，複数の新聞社に記事を書いてほしいと頼んだ．でも，相手にされなかった．だったら自分でやってしまえとなった」と笑いながら，当時を振り返る．

身近な生活の中に数学の題材

生活の中に題材をみつけて，算数・数学の面白さを説くことに力を入れた．「あみだくじの仕組み方」や「誕生日当てクイズ」などの話を積極的に取り入れ，算数・数学を身近な問題としてとらえる仕掛けにアイデアを絞った．

怪獣の絵本で数の不思議さを紹介する『数のモンスターアタック』（幻冬舎，2007年）のほか，算数・数学のつまずきを16タイプに類型化した『算数・数学が得意になる本』（講談社現代新書，2006年）など幅広い著作によって，教員研修会での講演，小中高校での「出前授業」の依頼は相次いだ．それを断ることは皆無だった．

　2006年，静岡県内の小学校での芳沢の出前授業に同行させてもらったことがある．

　「じゃんけんは何を出すと勝ちやすいか」がテーマ．3年生の児童に予想を立たせた上で，グループに分け，計600回以上のじゃんけんのデータを取らせた．このクラスでは「チョキ」を出す回数が最も多かった．そこからチョキに勝つ，「グー」を出すと，じゃんけんに勝つ確率が高まることを考えさせた．子どもたちが，集中し，楽しそうに話を聞いているのが印象的だった．

　ビッグデータをはじめ統計学が重要視される中，高校までにそれを学習する機会はあまりない．じゃんけんデータは，AKB48の新曲をうたう選抜チームを決めるじゃんけん大会での勝ち方など興味をそそる題材を取り入れながら，時には人間のくせや意思によって左右される統計の特徴や考え方を理解させる必須の教材となっている．

　共通一次試験を契機に，私立大入試の主流となったマークシート方式にも警鐘を鳴らし続け，証明重視の（検定外）教科書作り，大学入試改革にも自ら携わった．教科書では，2010年，今より学ぶ内容が多かった70年代を意識し，考えながら高校数学の本質を独学できるよう『新体系・高校数学の教科書　上下』（講談社ブルーバックス，2010年）を刊行．理系本としては異例の10万部の売れ行きとなった．

　「数学の考え方を重視した．出前授業や教員との交流で，現場で何が起きているかを知ることが執筆に役立った．理系の学生だけでなく文系学生，さらには一般の人にも読まれたようだ」と語る．

2006年に夏目漱石の小説「坊っちゃん」刊行100周年記念事業の一環で，主人公坊っちゃんに扮して，小説舞台となった地元愛媛県立松山東高校での特別授業はNHKで全国放映された．ビートたけしとの数学対談（『新潮45』，2011年）などあらゆるチャンネルを駆使して「数学教育の劣化と日本衰退の危機」を発信する数学教育者として注目を集めた．

数学能力向上にあくなき挑戦

　芳沢らの取り組みで世論が動き，文部科学省も2011年の学習指導要領から「脱ゆとり」にかじを切り始めた．その一つが，芳沢が再三訴えた「3の発想」．日本の教科書では，ゆとり教育のため，一時期，縦書きの3桁×3桁掛け算の筆算がなくなった．2桁×2桁で代用できると文科省は思ったとみられるが，

その後の学力試験で3桁と2桁の掛け算の出来は51％と，2桁×2桁の82％から大きく落ち込む惨憺たるものだった．

　「データ分析でもAとBだけで比べるより，Cも入れて3つで比べると，大方の傾向は予測できる．ドミノ倒しも三つのコマがあって2番目のコマの働きがわかることで全体の動きが理解できる．3の発想が大事です」

　こうした芳沢らの尽力で，教科書に3桁以上の掛け算が復活した．

　「一例だが，ゆとり教育世代

の学生は，本来学ぶべきことを学んでこなかった．だから学生らは気の毒．彼らに数学の考え方が役に立つということを教えたくて就活向けに数学も始めた」と強調する．

入試改革でも，数学の記述式問題の重要性を説き続けた．桜美林でも数学の記述式を採用した．

「大学入試問題は，どういう学生を取りたいかのメッセージ．記述式で入った学生は，一味違う」と手ごたえを話す．教え子の数学専攻の学生が，観光庁の論文コンクールで最優秀に輝いたこともあった．

20年に及ぶ，ゆとり教育への警鐘活動の集大成として，『反「ゆとり教育」奮戦記』（講談社，2014年）をまとめた．①試行錯誤の重要性②生きた教材を使った数学の授業③証明を中心とした記述問題などの活動の苦労話が詳細に語られている．

2020年の入試改革では，記述式が増えることになったが，2018年，芳沢が興奮しながら連絡してきた．早稲田大政経学部の入試で数学が必須になったことだ．

「経済を学ぶのに数学が不可欠であることを早稲田が認めたと

いうメッセージ．他大学へ波及するきっかけになる．結果がでるには時間がかかるが，いい流れ」と評価する．

　「正義感が強い子どもでした．将棋，つり，相撲が好きでしたが，曲がったことが嫌いで，正しいと思ったら相手がだれでも突っかかっていった」という．数学教育への取り組みも「義憤」が背景にあると笑う．

　曾祖父は首相を務めた犬養毅（1855-1932），祖父は元外務大臣の芳沢謙吉，いとこには高等難民弁務官の緒方貞子など外交関係の家系．「自分の目で見る，現場主義」と世界に称賛された緒方と同じ DNA を芳沢もきっちりと受け継いでいる．

　高校まで慶応で過ごし，慶応の工学部（当時）には数学を学ぶ学科がなかったので，大学は学習院大学理学部数学科に進んだ．

　今でも，読売中高生新聞の「エンタの数学」（2012 年 11 月～）の連載を抱え，ビジネスや生活場面での「時事数学」を発信し続ける．2016 年に公開した，You Tube「芳沢教授のサイコロキャラメル講座」や「芳沢教授のチョコレート数学講座」で話題を集めた．

　「満身創痍だけど，命かけて戦っていく覚悟．このチャレンジは生きがい．これからも突っ走るだけ」．犬に算数を教えるのが究極の夢．でも，手綱を緩め，優雅にのんびり歩む時間は，しばらく取れそうにない．

「現代数学」**2019 年 3 月号収録**

芳沢光雄 (よしざわ・みつお)

1953 年 1 月東京生まれ．慶応義塾幼稚舎，同普通部，同高校卒業．1975 年，学習院大理学部数学科卒業，学習院大理学部助手を経て，1983 年慶応大商学部助教授，1996 年城西大理学部教授，2000 年東京理科大教授，2007 年桜美林大リベラルアーツ学群教授，2015 年同大学長特別補佐．現在に至る．1980 年学習院大から理学博士号．専門は群論，組合せ数学，数学教育．
（15 ゲームと解説は新設のウェブサイト https://sugaku-bell.net/ を参照）

あとがき

　対話者のコミュニケーションという問題を考えるとき，話者間の「非対称性」をどう扱うかは研究テーマの1つである．典型的な例としては，医者と患者の場合だ．ときに患者は医者に生殺与奪の権を握られているとも言え，医者の言うことは絶対である．指示には逆らえない．患者には，インフォームド・コンセントの権利があり，医学的な処置・治療方法については，ていねいな説明を医者から受ける権利がある．しかし，医者から発せられる専門用語についていけないこともしばしばで，患者の不満はどうしても残ってしまう．この話者間のコミュニケーションをいかにして改善するか，対等とはならないにしても，信頼しあえる関係になるにはどうすればよいのか，学問的にも実践的にもいまなお課題となっている．

　本の原稿を依頼される著者と依頼する側の出版社の編集者との間にも，似たような「非対称性」の関係がある．生殺与奪ほど大げさではないにしても，著者からひとこと「受けません」と言われれば，すべて終わり，それまでである．とくに，シリーズのなかの1冊で，この人しかないと言われる著者候補に断られたりすると悲惨である．シリーズ全体に影響が及ぶ．だから，原稿の分量や締切はおよそ決まりごとではあるにせよ，「こんな分量じゃあ，このテーマはとても書けませんね」と言われれば，「では，もう少し分量を増やしていただいて結構です」と編集者はすぐに妥協する．原稿締切にしても，期日になっても原稿が入手できないと，ズルズルと後ろに引き延ばし，「ここまでならどうですか」と下手に出る．相手の職業や老若にかか

わらず，著者のことを「先生」と呼ぶクセは編集者からはどうしても抜けない．

　まだ若手編集者だった頃，ある数学専門書シリーズの中の1冊をその分野における著名な数学者に書いてもらうことが編集会議で決まった．ついては，その原稿執筆の依頼に行くよう上司から指示された．あらかじめ電話かFAXでご相談にうかがう日を決めた（もちろんメールなどというものがある時代ではない）．初対面でもあるので，早めに指定の大学研究室に赴いた．その本は共著でお願いするということになっていた．そのためお二人の数学者といっしょに会う約束だったが，お一人に少し用事があるというので，まずはお一人だけと面談した．

　編集会議では，いかにこのテーマが重要で，かつ著者候補たちがそれに相応しい数学者であるか，シリーズ全体を監修する編者らが強調していた．それだけに，ここはどうしても執筆を受けてもらわなければ，という緊張感でいっぱいだった．しかし，お願いするテーマの中身に関しては，あまりに専門的で，恥ずかしながらチンプンカンプンであった．

　「これこれ，こういうわけで，この1冊の執筆を先生方にぜひお願いしたい」としどろもどろで話す．それを聞いていた数学者の先生はまったく無反応．「やりません」と言い出されるのが怖くて，またごにょごにょと話しかける．反応なし．ヤバいぞ．また「このシリーズの趣旨・目的は」と別の角度から説明する（そのつもり）．そして，沈黙の後，共著予定のもう一人の先生がようやく現れた．助かった．と思いきや開口一番「なんか，これを書く意味があるのかな」と言われ，どっと汗が噴き出る．「いや，このシリーズはですねえ，……」と同じようなことを繰り返すが歯切れが悪い．この先生はどんどん突っ込んでくる．執筆を受けるかどうかは，意義や名誉より納得がい

くかどうかが肝心．それが数学者なのだ．しばらくのやり取り
の後，とりあえずこの場では引き受けるかどうかの結論は出さ
ず，検討して，後日返事をもらうことになった．ともかくダメ
でなかったことにホッとした．何十年も前の話で，けっきょく
は受けていただいたのだが，今でも思い出すと気分がヒリヒリ
する．

　本の著者と編集者の「非対称」の関係も，「教える人」と「教
えられる人」という関係になると，少し話が違ってくる．とり
わけ著者が数学者の場合には，原稿依頼の諾否については慎重
でも，「ところで先生は何を研究されているのですか」と問えば，
話がどんどん飛び出す．そこに質問をするとさらに喜んでもら
える．これでもかというくらいに説明してくださる．また嬉し
いことに，相手がどこまで理解しているかなんていうことはあ
まり気にされない．テストされることもない．わからなければ，
とことん説明しましょうという態度だ．残念ながら，こちらの
ほうが浅学で，何がどうわからないのかうまく説明できずに質
問しているので，教える先生のほうが困惑される．しかし，そ
んな困惑の気持ちは微塵も表情には出されない．さらにていね
いに説明を尽くし，ときに黒板いっぱいに式を書かれて解説し
てくださるのだ．それが数学者である．教えることは大好きだ
という人々である．

　本書は，本の著者と編集者という関係で編まれたものではな
い．取材される側と取材する側という関係で成り立っている．
いかにも教えることが大好きだという数学者の側面が存分に発
揮されている作品群である．もちろん，その背景には，数学者
自身の数学にかける情熱があることは言うまでもない．

文章を担当した一人として　　吉田 宇一

著者紹介

長谷川聖治 はせがわ・せいじ

【ひとこと】

　数学は「面白そう」と，大学は数学科の門をたたきました．しかし，なかなかなじめませんでした．野球にのめり込んだこと（言い訳です）と，数学の講義の難しさと，つまらなさに直面し，あっさりと脱落．数学から一刻も早く離れたいと，新聞記者の道を選びました．社会部記者を目指していたのですが，出自を見られたのか科学記者に．しかし科学担当として，研究者，産業界，科学技術振興などを取材していくうちに，「社会における数学」の重要性に気づかされました．もっと数学の存在感を高める記事を書きたいと思っていた矢先，文部科学省などが中心となり，『忘れられた科学 ——数学』というレポートが発表されました．科学の中で無視され続けてきた，数学に目を向けてという，"数学ルネッサンス"の動きのきっかけとなりました．数学の話題を精力的に取り上げ，多くのメディアも報道したことで，数学関連の予算が付くなど世の中が少しずつ動きだしました．数学教室にジャーナリストが滞在して対話する，日本数学会のＪＩＲ（ジャーナリスト・イン・レジデンス）もその一つ．JIR に参加して，学生時代に親しみをあまり感じなかった数学者（大学の先生）は，実は人間的でとても魅力的で，奥が深い存在であることがわかりました．もったいない，もっと早く知っていれば人生変わったかもと思うほど．数学者とのインタビューは私の学生時代の懺悔の意味も込められています．

【プロフィール】

1964 年群馬県生まれ．東北大学理学部数学科卒業．1987 年読売新聞社入社．新潟支局，科学部，国際部，バンコク支局，科学部，科学部長，編集局次長，事業局次長，北海道支社次長などを経て，株式会社読売・日本テレビ文化センター代表取締役．特派員時代は戦乱のアフガニスタン，東ティモールを歩き，東日本大震災時は，福島第一原発事故を担当．著書『科学捜査』『医療費と保険が一番わかる』．聖マリアンナ医科大学非常勤講師．

数学者訪問 輝数遇数 きすうぐうすう [PART II]

2022年11月21日 第1版第1刷発行

■著 者　　写真：河野裕昭

　　　　　　文：内村直之・亀井哲治郎・里田明美・
　　　　　　　　冨永 星・長谷川聖治・吉田宇一

■発行者　　富田 淳

■発行所　　株式会社 現代数学社

　　　　　　〒606-8425 京都府京都市左京区鹿ヶ谷西寺之前町1番地
　　　　　　TEL 075(751)0727　　FAX 075(744)0906
　　　　　　https://www.gensu.co.jp/

■装丁デザイン・誌面基本設計：海保 透

■印刷・製本：亜細亜印刷株式会社

ISBN978-4-7687-0594-0　　　　　2022 Printed in Japan

●落丁・乱丁は送料小社負担でお取替え致します.
●本書のコピー、スキャン、デジタル化等の無断複製は著作権法上での例外を除き
　禁じられています。本書を代行業者等の第三者に依頼してスキャンやデジタル化することは、
　たとえ個人や家庭内での利用であっても一切認められておりません。

ⓒ Hiroaki Kohno,
　　Naoyuki Uchimura,Tetsujiro Kamei,Akemi Satoda,
　　Hoshi Tominaga,Seiji Hasegawa,Uichi Yoshida